DUDEN

Mathematik 1

Herausgegeben von
Joachim Becherer und Dr. Andrea Schulz

Wissenschaftliche Beratung
Professorin Dr. Silvia Wessolowski

Erarbeitet von
Joachim Becherer, Martin Gmeiner,
Alfred Haas, Harald Hübscher,
Hans J. Huschens, Jana Köppen,
Melanie Schmandt, Dr. Andrea Schulz
und Heike Wadehn

Unter Mitarbeit von
Ralph Grothe und Karla Jedwillat

DUDEN PAETEC Schulbuchverlag
Berlin, Frankfurt a. M.

Inhaltsverzeichnis

Zum Lösen im Heft

Partnerarbeit

Wiederholende und festigende Aufgaben

Grundaufgaben

Aufgaben mit erhöhtem Schwierigkeitsgrad

Knobelaufgaben / hoher Schwierigkeitsgrad

Der Zahlenraum bis 10

Zählen und erzählen

1
2
3
4
5
6
7
8
9
10
11
12

Zählen und Zahlen lesen; Zahlen vom Rand im Bild wieder finden; Kenntnisse über Zahlen ermitteln; verschiedene Zahlaspekte betrachten: Zahlen als Nummern, als Anzahlen, als Größen

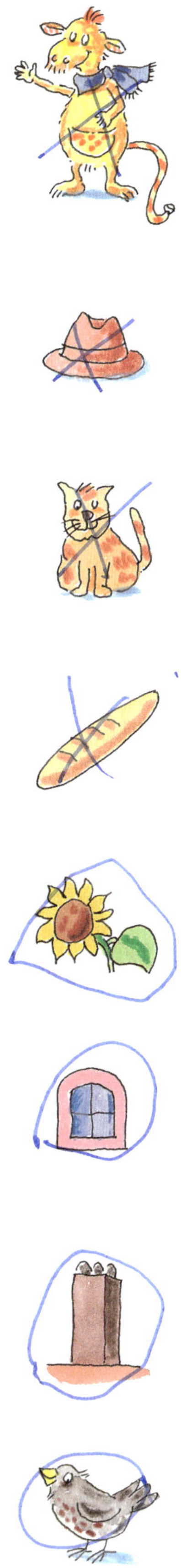

Anzahl von Dingen und Personen im Bild durch Zählen bestimmen; Orientierung über Piktogramme am Rand

Bauen und zählen

1

2

3

1, **2**, **3** Geometrische Form und Farbe als Merkmale zur Bestimmung von Anzahlen erkennen; Strichlisten erstellen; selbst „Gebäude“ mit Bauklötzen bauen, Anzahlen überprüfen

Zählen, legen und malen

1
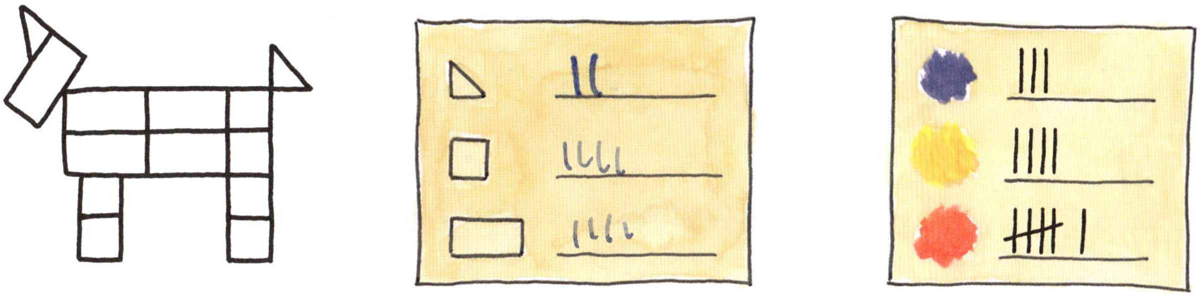

2

3

4
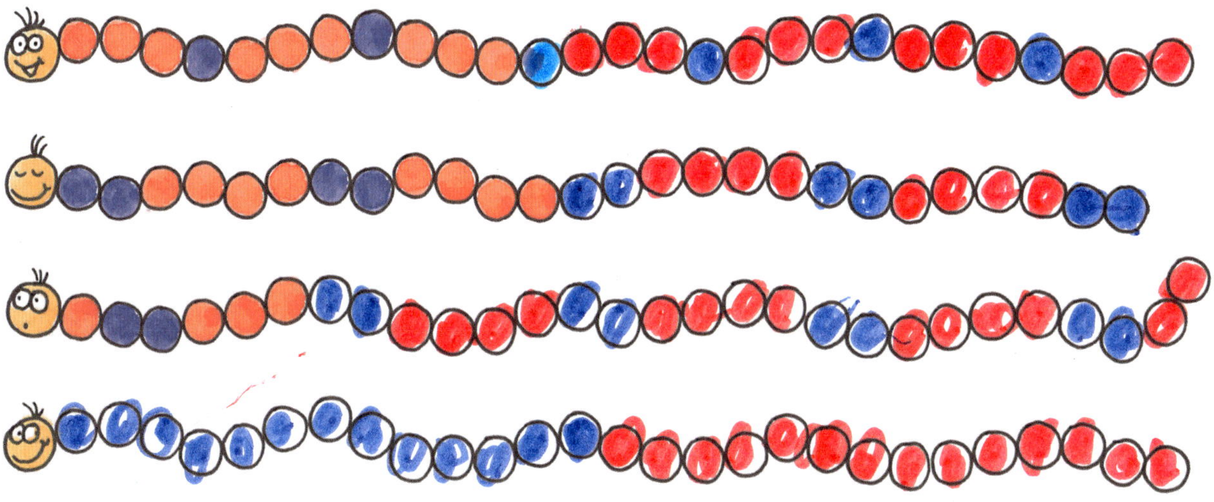

1, **2** Flächen zählen und Figuren entsprechend der Strichliste ausmalen **3** Muster nachlegen und fortsetzen; Bi[illegible]sprinzip erkennen und beschreiben, eigene Muster legen **4** In jeder Reihe ein Bildungspri[illegible]nen und Reihen entsprechend ausmalen und fortsetzen; eigenes Muster malen

Lagebeziehungen

1 Warm-up-Klassenhit

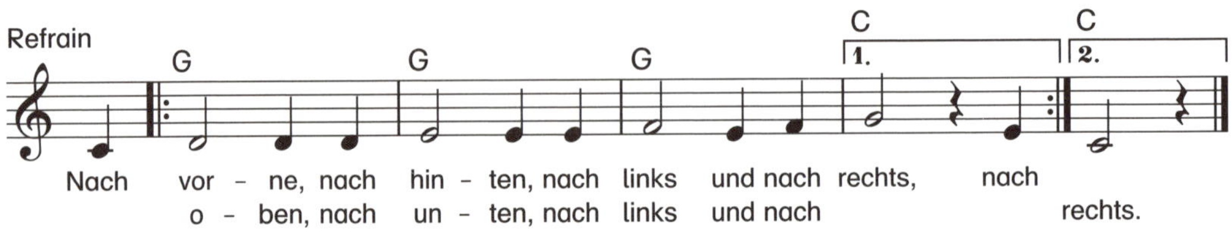

2. ... linken Arm ... 3. ... rechtes Bein ... 4. ... linkes Bein ...

2

1 Lagebeziehungen am eigenen Körper erkennen und benennen **2** Lehrperson beschreiben, Lagebeziehungen aus der Sicht des Lehrers beschreiben (oben, unten, links, rechts, auf, zwischen, vor, hinter, neben ...); Lagebeziehungen aus der Sicht von Lexi beschreiben

1

1	⇨	

4	⇧	

3	⇩	

2

1	⇩	

4	⇨	

	⇦	

3

3	⇧	3	⇨	

6	⇧	1	⇦	

5	⇧	3	⇦	

3	⇧	3	⇨	

1 Die vorgegebenen Wege der einzelnen Kinder nachfahren und Gegenstand aus entsprechendem Zielfeld einzeichnen **2** Lexi geht wieder von seiner ursprünglichen Position aus; Differenzierung letzte Aufgabe: die Anzahl der „Schritte“ notieren **3** Kombinierte Wege nachfahren und Zielfeld einzeichnen

Anzahlen bis 5 darstellen

1

2

3

4 Lege immer 4.

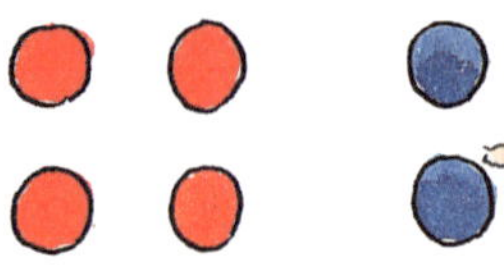

5 Lege immer 5.

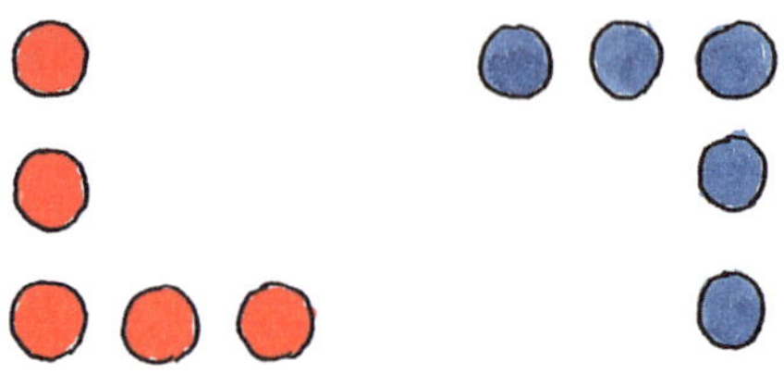

6

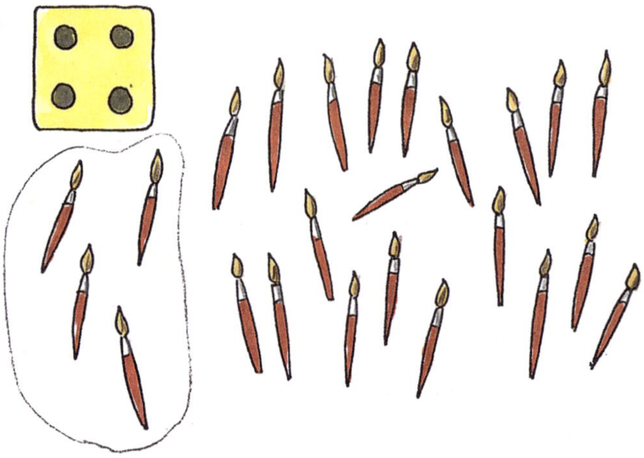

7

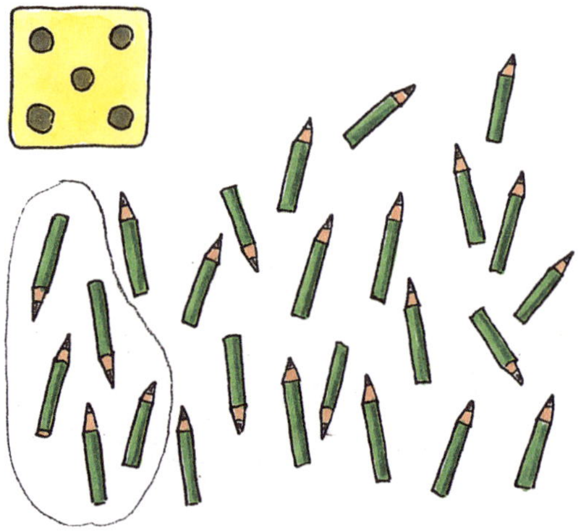

1 bis **3** Zahlentisch ergänzen: Zahlen mit Gegenständen, Strichlisten, Würfelbildern und mit Plättchen darstellen
4, **5** Unterschiedliche Muster mit vorgegebener Anzahl von Plättchen legen; schnelles Erfassen von Anzahlen
6, **7** Vierer- und Fünfermengen bündeln

1

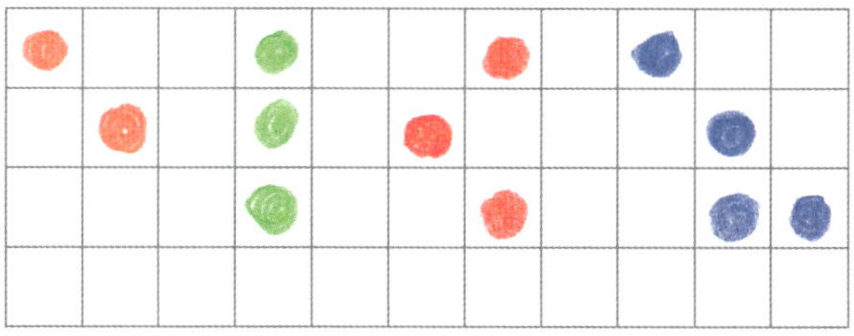

___ ___ ___ ___

2

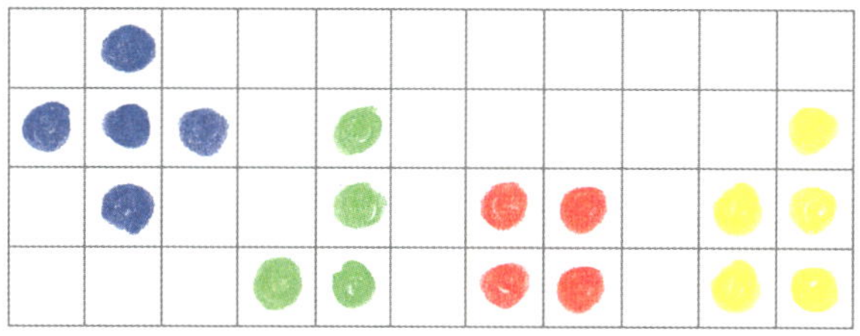

___ ___ ___ ___

3 Male. Immer 4.

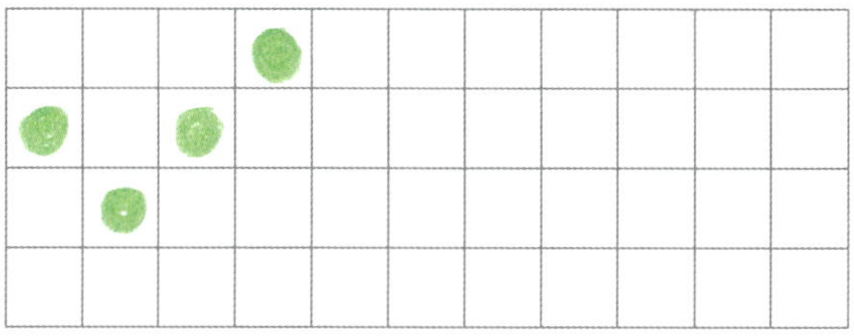

4 Male. Immer 5.

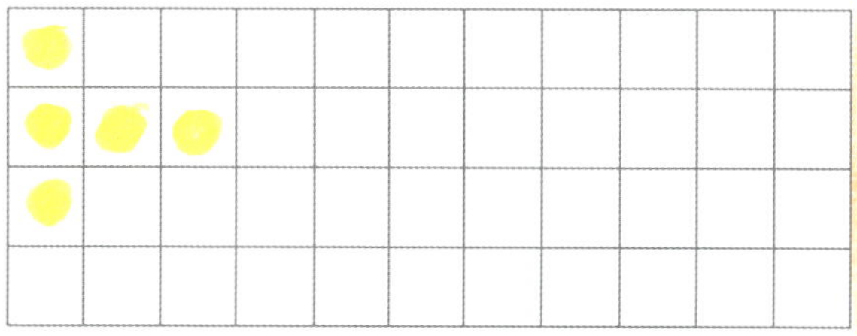

5

3

4

4

5

6

5

5

4

3

1, **2** Anzahlen notieren **3**, **4** Punktmuster zu den Zahlen 4 und 5 malen **5**, **6** Figuren mit Würfeln nachlegen und Anzahl der Würfel bestimmen

Fünf und mehr

1

Lege 8, 9, 7.

Lege 2, lege 7.
Lege 3, lege 8.
Aus 5 wird 8.
Aus 9 wird 4.

2 Male 6.

Male 9.

3

4

5

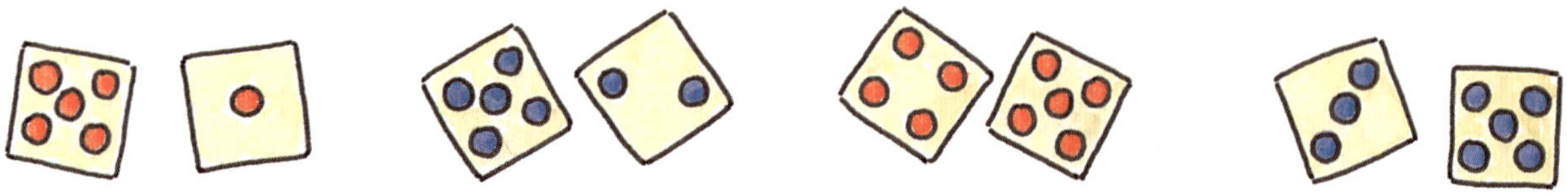

1, **2** 20er-Feld kennen lernen, unterschiedliche Legeweisen miteinander vergleichen **3**, **4** Schnelles Erfassen von Anzahlen unter besonderer Berücksichtigung der Zahl 5 **5** „Augenzahlen" von Würfeln zusammenzählen

Anzahlen bis 10 darstellen

1

5 6 8 6

2 Male. Immer 8.

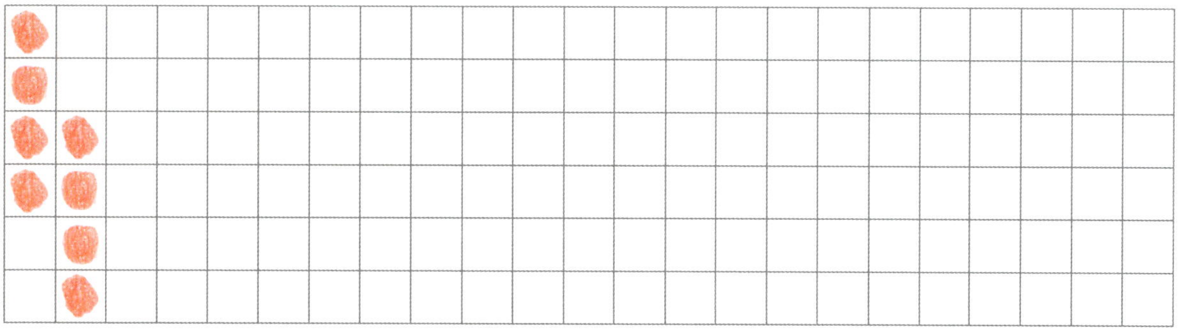

3 Wie viele?

1 3 5 7 9

4

6 5 10

5

6 7 9

1 Anzahlen erkennen, notieren **2** Punktmuster zur Zahl 8 malen **3** Die Reihe der ungeraden Zahlen fortsetzen und als Muster zeichnen **4**, **5** Figuren mit Würfeln nachlegen und Anzahl bestimmen

Die Zahlen von 1 bis 10

1

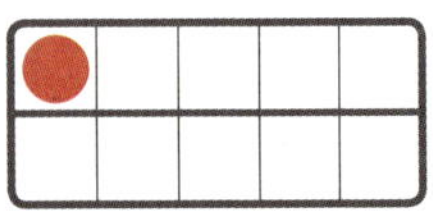

|

2

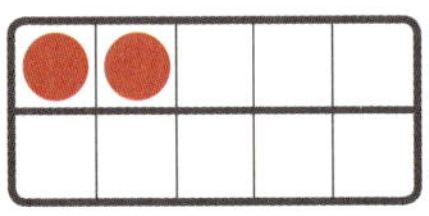

||

3

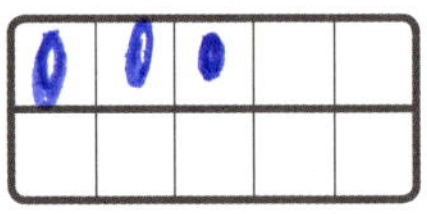

|||

4

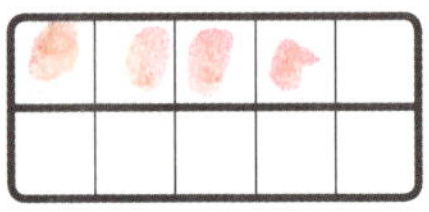

||||

5

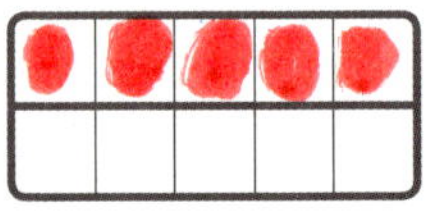

|||||

1, **2** Gegenstände im Bild zählen; Zahlen von 1 bis 10 mit Plättchen im Zehnerfeld und als Strichliste darstellen

   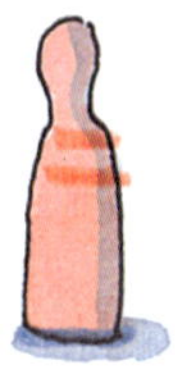 

6 7 8 9 10

Zahlzerlegungen bis 5

1

2

2

3

3

4

1 Anzahl und Zuordnung der Zahl zur Menge **2** Zuordnung der Zahl zur Menge **3**, **4** Anzahl erkennen, Zerlegung finden

Zahlzerlegungen bis 10

1

6

3 | 3

6

2

3

4

Aus bildlichen Darstellungen Zerlegungsaufgaben ermitteln: Farben, Größen und Formen als Unterscheidungsmerkmale anwenden; höhere Schwierigkeitsstufe: unterschiedliche Zerlegungen möglich; Zerlegungen in 3 Zahlen möglich

Rechengeschichten – Wie siehst du es?

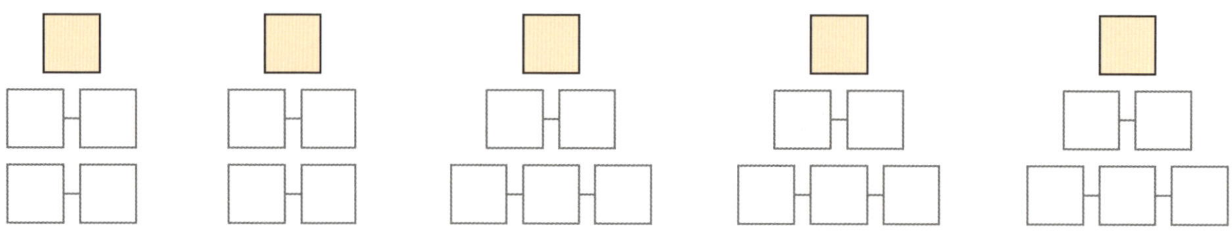

Erklären und begründen, welche Zerlegungen entdeckt/gesehen werden; unterschiedliche Zerlegungen notieren

Zahlenreihe: Vorgänger und Nachfolger

1

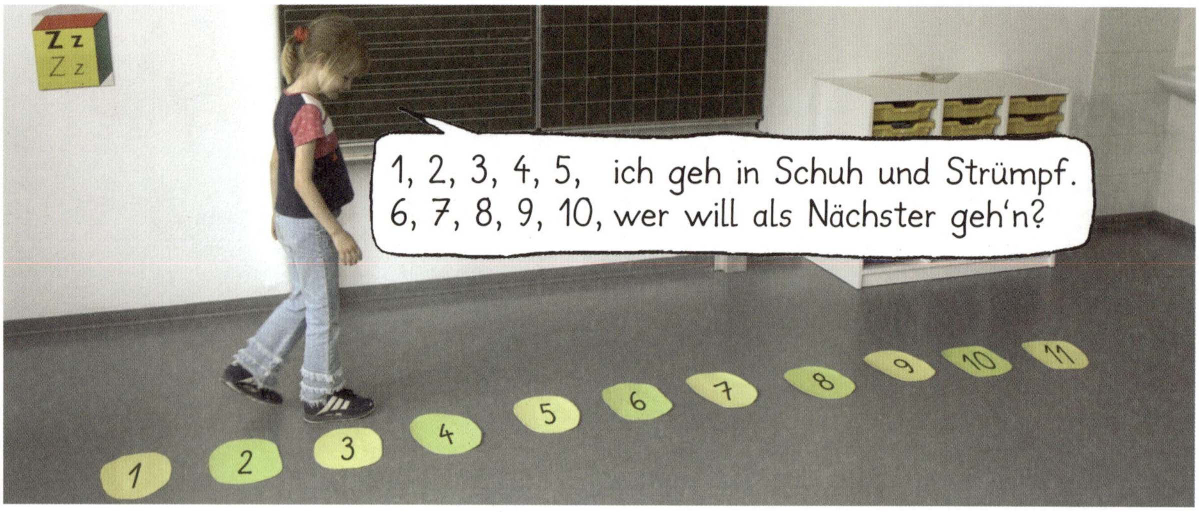

2

10, 9, 8 und 7, wo ist mein Buch geblieben?
6, 5 und 4, vielleicht finde ich es hier.
3, 2 und 1, da vorne ist ja meins.

1 2 _ _ _ _ _ _ _ 10

3

1 2 _ _

3 _ 5 _

4

_ 7 8 _

_ _ _ 6 7

5 Vorgänger und Nachfolger

Vorgänger	Zahl	Nachfolger
3	4	
	2	
	5	
8		
	6	
	1	
		9
9		

1 Auf einer Zahlenreihe gehen und Vers aufsagen **2** Rückwärts gehen und Vers aufsagen **3**, **4** Fehlende Zahlen in die Ausschnitte aus der Zahlenreihe eintragen **5** Vorgänger und Nachfolger bestimmen

Zahlen vergleichen

1

6 > 3 | 2 = 2 | 2 < 5

6 ist größer als 3 | 2 ist gleich 2 | 2 ist kleiner als 5

2 Male.

ist größer als | ist gleich | ist kleiner als

4 > 2 | 6 = 6 | 3 < 5

3

___ ◯ ___   ___ ◯ ___   ___ ◯ ___

4

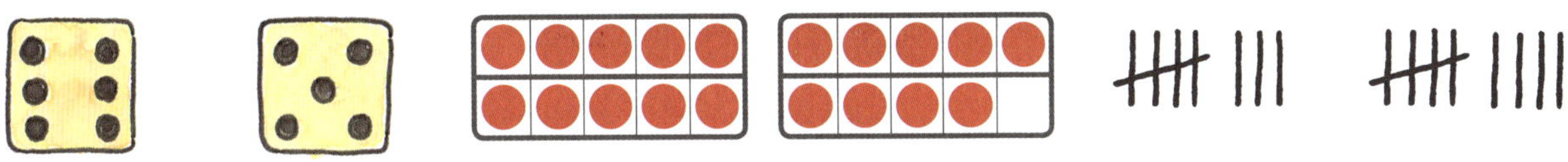

___ ◯ ___   ___ ◯ ___   ___ ◯ ___

5

3 ◯ 5   8 ◯ 7   9 ◯ 1   2 ◯ 8   6 ◯ 9

5 > ___   7 < ___   1 ◯ ___   ______   ______

Merke

5 > 3 | 4 = 4 | 2 < 6

5 ist größer als 3 | 4 ist gleich 4 | 2 ist kleiner als 6

1 Mengenvergleich **2** Dinge entsprechend der Anzahlen einzeichnen **3** bis **5** Zahlen und Relationszeichen ergänzen

Ordnungszahlen

1

2

3

1 Trikots auf dem Siegerpodest entsprechend dem Zieleinlauf färben **2** Ordnungszahlen ergänzen und Trikots entsprechend dem Zieleinlauf färben **3** Ordnungszahlen ergänzen, Trikots in der Siegeraufstellung und im Bild einfärben

Wiederholung

?!

1 Wie viele?

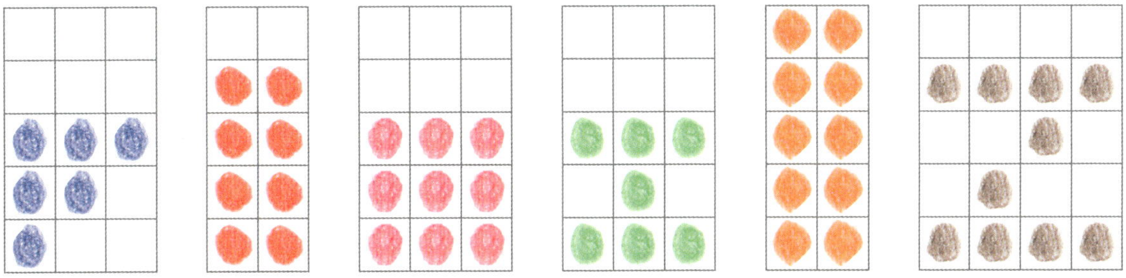

___ ___ ___ ___ ___ ___

2 Lege und male.

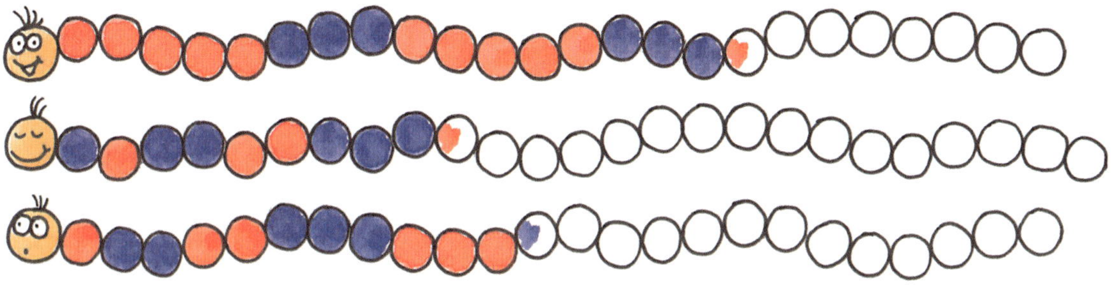

3 Wie siehst du es?

4

4 ◯ 7
5 ◯ 7
6 ◯ 7
7 ◯ 7
8 ◯ 7
9 ◯ 7

5 ◯ 1
5 ◯ 2
5 ◯ 3
5 ◯ 4
5 ◯ 5
5 ◯ 6

5

0 < 5

Zählen über 10 hinaus

Die Zahlen bis 20

Anzahlbilder von Pflanzen, Früchten und Tieren umkreisen und mit der dazugehörigen Zahl verbinden;
Fünferbündelungen nutzen

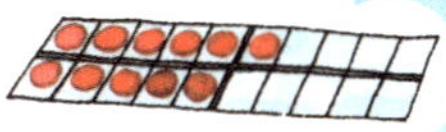

Das Zwanzigerfeld

1

Lege

11

12

16.

2

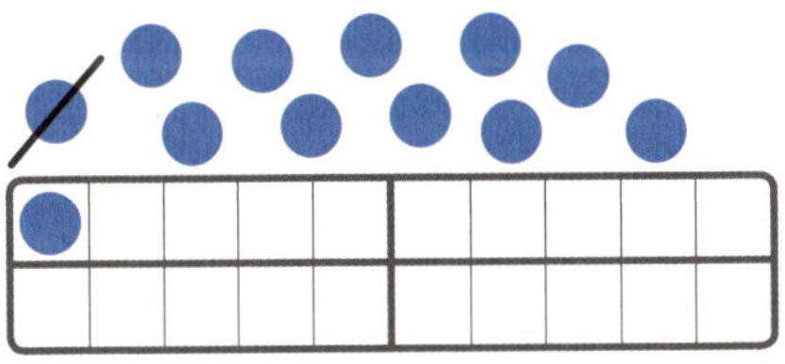

___

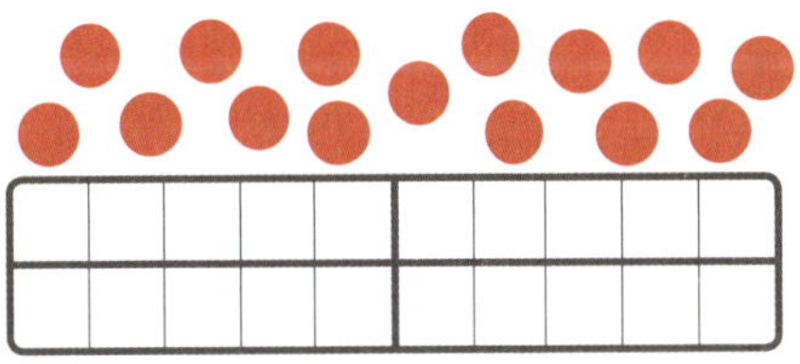

___

3

Lege
6 und 16
4 und 14
7 und ___.

4

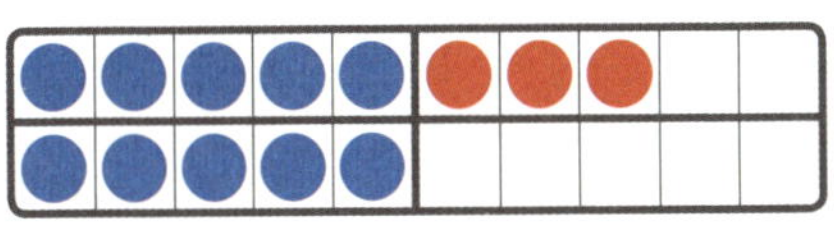

___

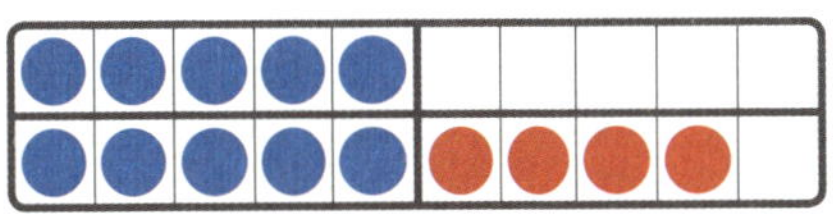

___

5

___

___

12

1 Plättchen in unterschiedlicher Weise ins 20er-Feld legen **2** Plättchen ausstreichen und ins 20er-Feld malen, Anzahl bestimmen **3** Angegebene Zahlen mit Plättchen legen **4, 5** Zählen und Zahlen schreiben

Spiel: Lexi komm

Würfelspiel: Das Spiel startet auf 10 und der Spielstein wird entsprechend der gewürfelten „Augenzahl" in Richtung auf das eigene Zielfeld (20 bzw. 0) geführt. Spielregel: Zuerst die Zahl des erreichten Feldes nennen, bevor die andere Mannschaft würfeln darf.

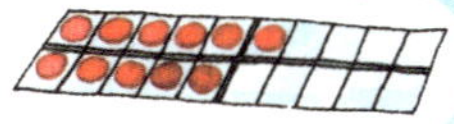

Der Zahlenstrahl

1

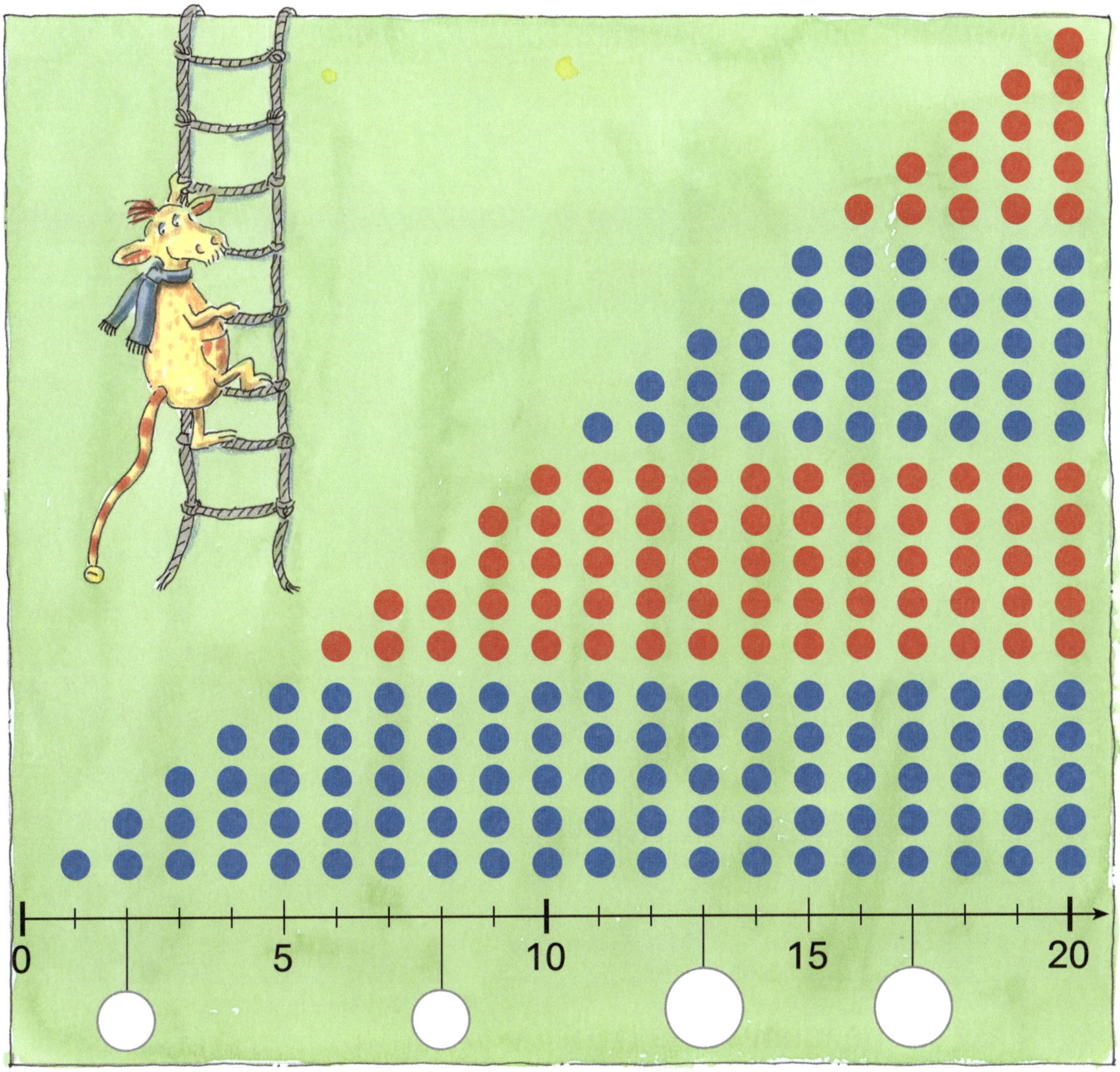

2 Zeige am Zahlenstrahl: 0, 4, 7, 11, 15, 19!

3

4

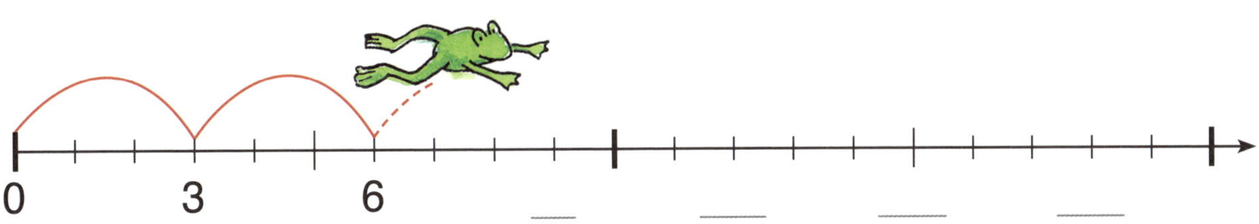

1 Darstellung der Zahlen bis 20 betrachten; Einführung des Zahlenstrahls; Zahlen in Kreise eintragen
3, **4** Sprünge am Zahlenstrahl kennzeichnen und Zahlen eintragen

Grunderfahrungen mit geometrischen Körpern

1

2 Lexi hat gezaubert.

1 Stationen im Klassenzimmer nachspielen; Eigenschaften geometrischer Körper durch die Kinder erklären lassen
2 Über den Sinn der Form von Gegenständen sprechen

Quader, Würfel, Zylinder, Kugel

1 Verbinde.

Merke

Würfel **Quader** **Zylinder** **Kugel**

2 Was stimmt? Kreuze an. ☒

Ina sagt:

☐ Der 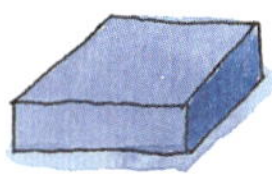 ist eckig.

☐ Der 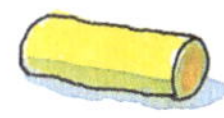 rollt gut.

Tim sagt:

☐ Der  liegt rechts.

☐ Der 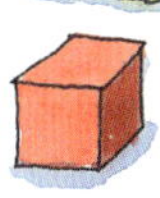 ist rund.

Ute sagt:

☐ Der 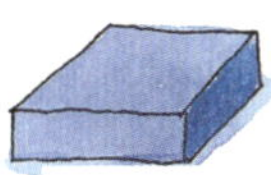 liegt links.

☐ Der  rollt nicht.

1 Alltagsgegenstände mit entsprechenden geometrischen Körpern verbinden **2** Richtige Antworten markieren; mehrere richtige Antworten sind möglich

Quader, Würfel, Zylinder, Kugel

(1) Lexi baut. Erzähle und zähle.

(2) Male an und zähle.

(3) Wie viele Klötze hat Lexi gebraucht?

1 Verwendete Körper in jeder Figur zählen und Anzahl notieren **2** Die verwendeten Körper in den entsprechenden Farben anmalen und Anzahl der Körper zählen **3** Gesamtanzahl geschickt ermitteln

Vom Körper zur Fläche

1 Wo standen die Figuren?

2 Ordne zu.

3

1 Körper mit entsprechenden Flächen verbinden 2 Zuordnen der Buchstaben auf den Körpern zu den passenden Flächen; Buchstaben der Körper auf dem linken bzw. rechten Tisch ergeben jeweils ein Lösungswort
3 Vorderansicht der Körper mit den Flächen verbinden, Körper entsprechend einfärben

Einführung der Addition

1

4 + 3 = ___

plus · ist gleich

2

3 + 2 = ___

3

___ + ___ = ___

1 bis **2** Plusaufgaben im Bild finden, aufschreiben und ausrechnen; Situationen aus dem Bild nachspielen und dabei Aufgabenmaterial verändern; Einführen der Schreib- und Sprechweise für Plusaufgaben **3** Eine weitere Plusaufgabe (aus dem Bild) finden, malen und rechnen

1

3 + 1 = ___

4 + 2 = ___

2 + ___ = ___

2

___ + ___ = ___

___ + ___ = ___

___ + ___ = ___

3

_______ = ___

_______ = ___

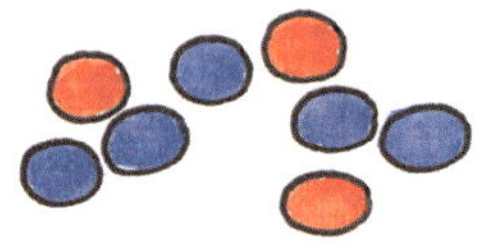

_______ = ___

4

2 + 2 = ___

1 + 4 = ___

1 bis **3** Zu jedem Bild eine Plusaufgabe finden und rechnen **4** Rechengeschichten erzählen und malen

Addieren mit dem Zwanzigerfeld

1 Lege und rechne.

$5 + 4 =$ ___

Lege 4 und 1 dazu.
Lege 9 und 1 dazu.
Lege 2 und 4 dazu.
Lege 5 und 3 dazu.
Lege 3 und 6 dazu.

Merke

5 und 4 mehr

5 dann noch 4 weitere dazu

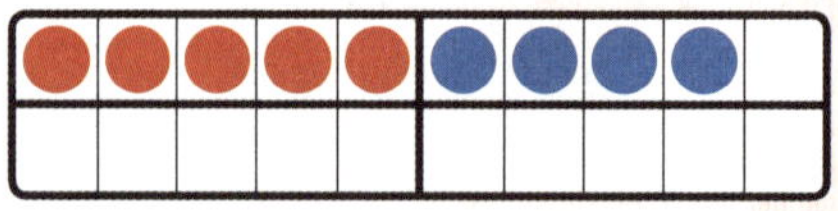

$5 + 4 = 9$

5 plus 4 ist gleich 9

5 und 4 kommen dazu

5 und 4 sind zusammen

2

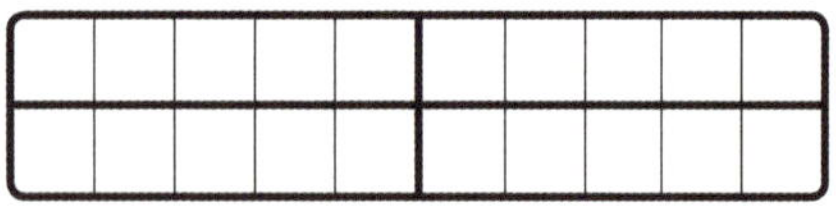

$5 + 5 =$ ___

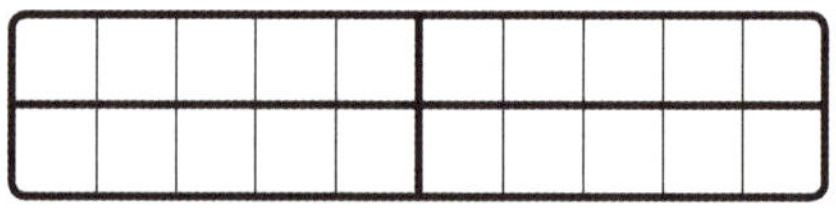

$7 + 2 =$ ___

3

$2 + 1 =$ ___	$4 + 2 =$ ___
$1 + 3 =$ ___	$2 + 6 =$ ___
$6 + 1 =$ ___	$5 + 2 =$ ___
$1 + 6 =$ ___	$2 + 5 =$ ___
$8 + 1 =$ ___	$8 + 2 =$ ___
$1 + 0 =$ ___	$2 + 7 =$ ___

4

$3 + 2 =$ ___	$7 + 3 =$ ___
$2 + 3 =$ ___	$6 + 4 =$ ___
$5 + 0 =$ ___	$5 + 5 =$ ___
$0 + 5 =$ ___	$4 + 6 =$ ___
$4 + 1 =$ ___	$3 + 7 =$ ___
$1 + 4 =$ ___	$2 + 8 =$ ___

5

$1 + 1 =$ ___	$1 + 2 =$ ___
$2 + 1 =$ ___	$2 + 2 =$ ___
$3 + 1 =$ ___	$3 + 2 =$ ___
___ + ___ = ___	___ + ___ = ___

6

$5 + 0 =$ ___	$1 + 1 =$ ___
$5 + 1 =$ ___	$2 + 2 =$ ___
$5 + 2 =$ ___	$3 + 3 =$ ___
___ + ___ = ___	___ + ___ = ___

1 Aufgaben durch Legen mit Plättchen lösen; Kontrolle durch den Partner **2** Aufgaben malen und lösen
5, **6** Aufgaben lösen; zu jeder Aufgabenreihe eine passende Aufgabe ergänzen; geschicktes Legen kann helfen Gesetzmäßigkeiten zu erkennen

Tauschaufgaben

1

2 Lege und rechne.

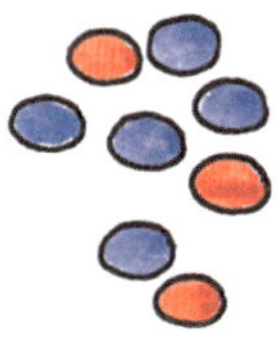

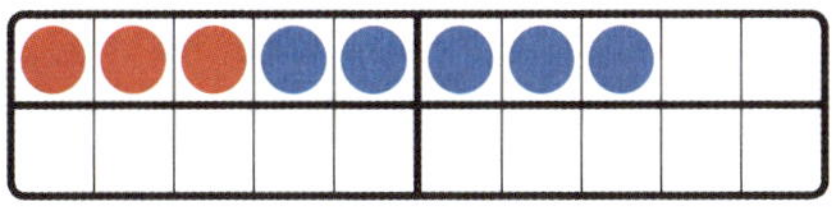

$3 + 5 =$ ___

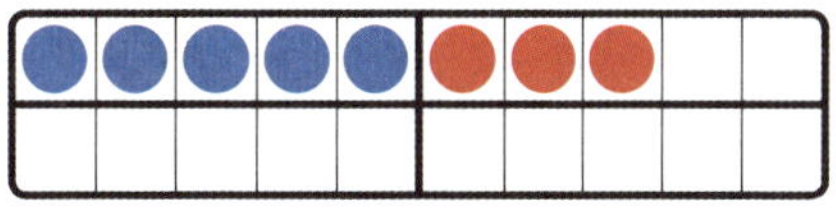

$5 + 3 =$ ___

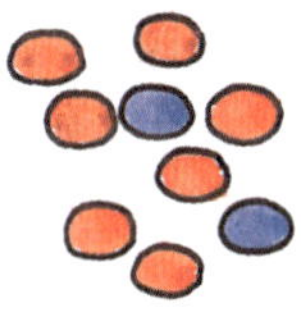

$7 + 2 =$ ___
$2 + 7 =$ ___

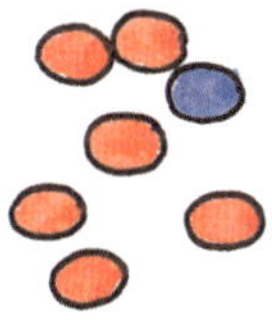

___ + ___ = ___
___ + ___ = ___

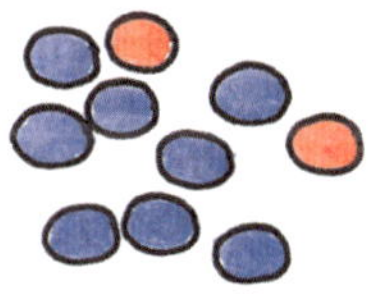

___ + ___ = ___
___ + ___ = ___

Merke

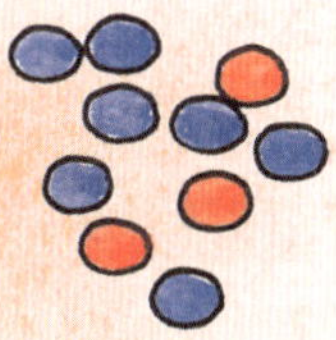

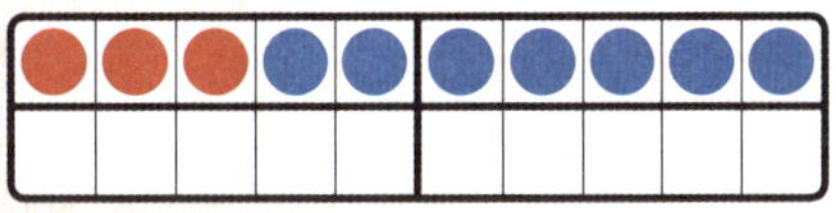

$3 + 7 = 10$
$7 + 3 = 10$

3

4	+	2	=	
2	+	4	=	

4

1 + 8	2 + 6	5 + 4	3 + 3	1 + 9
1 + 7	8 + 2	3 + 5	2 + 7	4 + 6

1 Tauschaufgaben erkennen und rechnen **2** Plättchen werfen **3** Aufgaben im Heft notieren und lösen, weitere Aufgaben durch Würfeln finden und lösen **4** Tauschaufgaben als Rechenhilfe nutzen; Kinder entscheiden, ob sie die Aufgabe oder die Tauschaufgabe rechnen

Einführung der Subtraktion

1

7 – 1 = ___

minus ist gleich

2

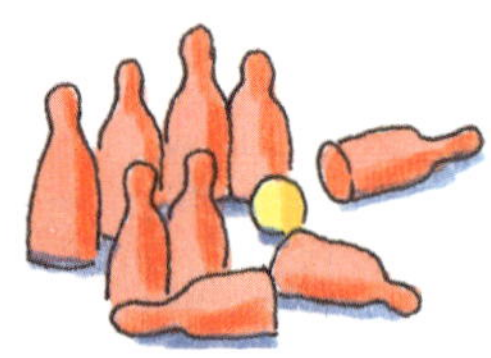

9 – 3 = ___

3

___ – ___ = ___

1 bis **3** Minusaufgaben im Bild finden, aufschreiben und ausrechnen; Situationen aus dem Bild nachspielen und dabei das Aufgabenmaterial verändern; Einführung der Schreib- und Sprechweise für Minusaufgaben

1

5 – 1 = __

9 – __ = __

__ – __ = __

2

__ – __ = __

__ – __ = __

__ – __ = __

3

__ – __ = __

__ – __ = __

__ – __ = __

4

3 – 2 = __

6 – 3 = __

1, **2** Zu jedem Bild eine Minusaufgabe finden und rechnen **4** Rechengeschichten erzählen und malen

Subtrahieren mit dem Zwanzigerfeld

1 Lege und rechne.

8 – 3 = __

Lege 4, nimm 2 weg.
Lege 7, nimm 1 weg.
Lege 8, nimm 5 weg.
Lege 10, nimm 4 weg.
Lege 6, nimm 6 weg.

2

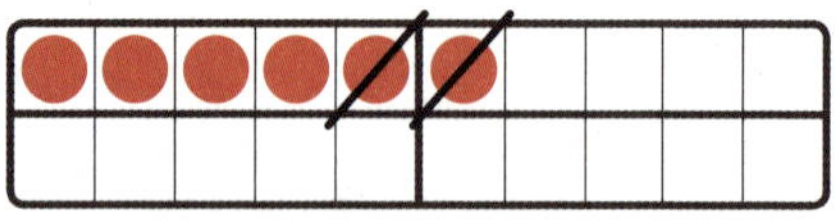

__ – __ = __

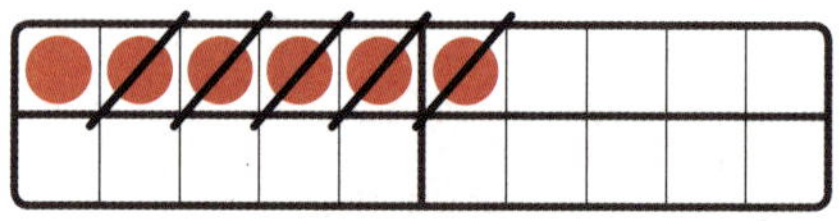

__ – __ = __

Merke

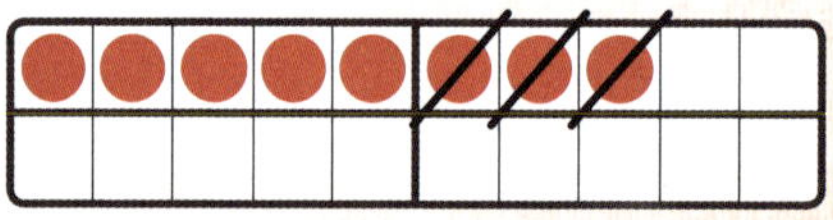

8 – 3 = 5

8 minus 3 ist gleich 5

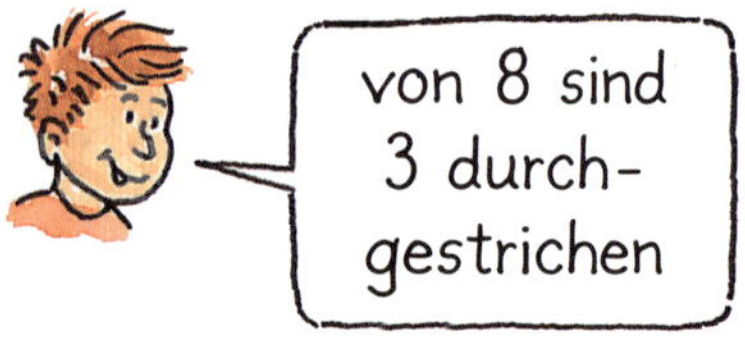

3

3 – 1 = __	5 – 2 = __	9 – 3 = __	5 – 1 = __
4 – 1 = __	6 – 2 = __	8 – 3 = __	5 – 2 = __
5 – 1 = __	7 – 2 = __	7 – 3 = __	5 – 3 = __
6 – 1 = __	8 – 2 = __	6 – 3 = __	5 – 4 = __
9 – 1 = __	9 – 2 = __	5 – 3 = __	5 – 5 = __

4

10 – 1	10 – 10	7 – 7	10 – 4	9 – 0
10 – 2	10 – 9	7 – 6	8 – 4	8 – 1
10 – 3	10 – 8	7 – 5	6 – 4	7 – 2

1 Aufgaben durch Legen mit Plättchen lösen, der Partner kontrolliert **2** Aufgaben aufschreiben
4 Bildungsprinzipien erkennen und zu jeder Aufgabenreihe weitere Aufgaben aufschreiben und lösen

Umkehraufgaben

1

9 – 2 = __
7 + 2 = __

2 Aufgabe und Umkehraufgabe

9 – 3 = __	6 – 1 = __	4 + 4 = __	3 + 2 = __
6 + 3 = __	5 + 1 = __	8 – 4 = __	5 – 2 = __

3

2 + 2 = __	3 – 3 = __	2 + 6 = __	10 – 7 = __
4 – 2 = __	0 + 3 = __	8 – 6 = __	3 + 7 = __

4

3 + 3 = __	7 – 5 = __	3 + 6 = __	7 + 3 = __
__ – __ = __	__ + __ = __	__ – __ = __	__ – __ = __

5 Aufgabenfamilien

2 5 3

2 + 3 = __
3 + 2 = __
5 – 2 = __
5 – 3 = __

6

4 7 3

__ + __ = __
__ + __ = __
__ – __ = __
__ – __ = __

7

6 2 4

8 5 3

8

◯ ◯ ◯

1 Situation Kegeln mit verschiedenen „Kegelergebnissen“ nachspielen **2**, **3** Aufgabe und Umkehraufgabe legen und rechnen **4** Fehlende Rechensätze ergänzen **5** bis **7** Zu jedem Zahlentripel vier mögliche Aufgaben bilden **8** Differenzierung: selbst Zahlentripel finden und Aufgabenfamilie bilden

Addieren und subtrahieren im Zahlenraum bis 10

1 Male und rechne.

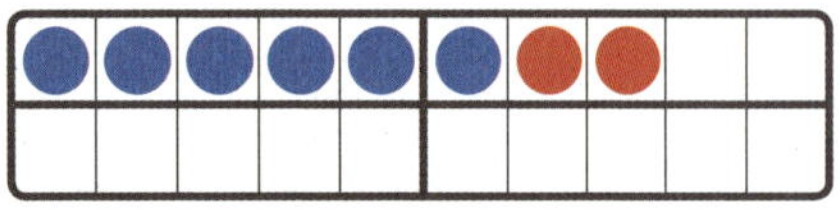

6 + 2 = __

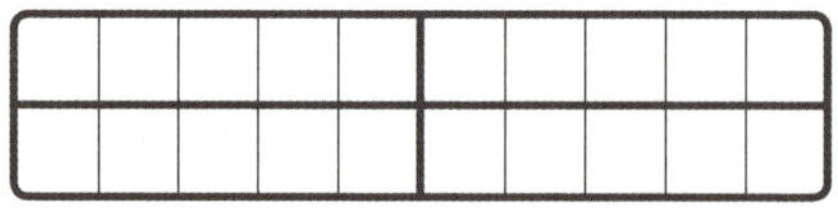

4 + 4 = __

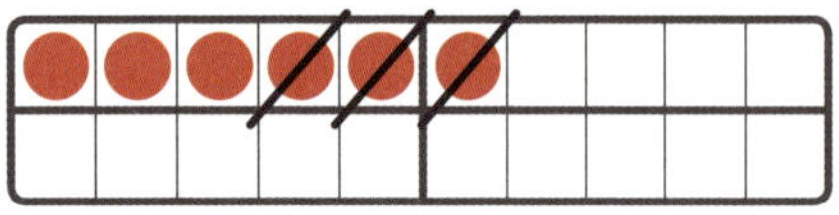

6 – 3 = __

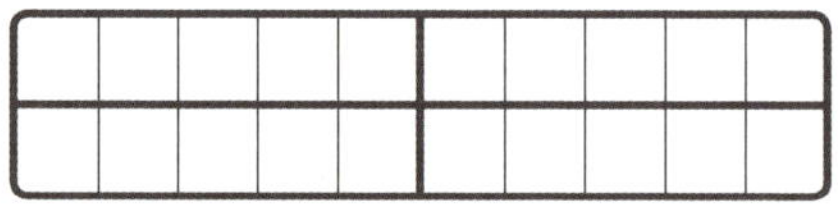

10 – 4 = __

2

5 + 5 = __ ______ ______ ______ ______

3

1 + 2 = __	3 + 1 = __	4 + 0 = __	0 + 3 = __
2 + 2 = __	3 + 2 = __	4 + 1 = __	2 + 3 = __
3 + 2 = __	3 + 3 = __	4 + 2 = __	4 + 3 = __
4 + 2 = __	3 + 4 = __	4 + 3 = __	6 + 3 = __
5 + 2 = __	3 + 5 = __	4 + 4 = __	8 + 3 = __

4

6 – 3 = __	7 – 0 = __	8 – 4 = __	10 – 5 = __
6 – 4 = __	7 – 2 = __	8 – 5 = __	10 – 6 = __
6 – 5 = __	7 – 4 = __	8 – 6 = __	10 – 7 = __
6 – 6 = __	7 – 6 = __	8 – 7 = __	10 – 8 = __

5 Bilde Aufgaben.

1 7 8 9 | 2 5 7 9 | 4 3 7 10

1 + 7 = 8 | 5 + = | 3 + =

1 Rechne und male.

5 – 2	4 – 0	8 – 4	10 – 3	1 + 6
2 + 2	2 + 1	7 + 0	8 – 5	9 – 6
5 + 2	3 + 4	6 – 3	9 – 5	0 + 4

2 Bilde Aufgaben zu  und .

3

0 + 2	6 + 1	10 – 2	5 – 5	3 + 2
1 + 2	5 + 2	9 – 2	6 – 5	3 – 2
2 + 2	___ + ___	8 – 2	___ – ___	4 + 2
3 + 2	___ + ___	___ – ___	8 – 5	4 – 2
4 + 2	2 + 5	6 – 2	9 – 5	5 + 2
___ + ___	1 + 6	5 – 2		

4 Suche Plusaufgaben.

8	1	9	2	9	3	2
4	2	4	6	6	5	7
3	5	8	7	2	8	9
8	9	1	1	8	4	2
4	0	5	2	1	2	3
1	3	6	5	2	7	5
5	6	7	1	4	0	4

2	+	4	=	6
1	+		=	

5 Suche Minusaufgaben.

1	8	5	0	5	2	4
7	5	2	5	9	5	4
3	4	6	6	5	8	9
2	5	4	5	1	6	3
1	6	2	8	4	0	6
8	4	4	1	7	3	4
8	7	9	7	2	1	0

5	-	1	=	4
8	-		=	

4, **5** Je 10 Aufgaben sind senkrecht und waagerecht versteckt; zur Differenzierung noch je 3 Aufgaben in der Diagonalen

Verdoppeln

1

Ein kleines, schwarzes Entlein fühlte sich unter all den gelben Entenkindern ganz allein.
Eines Tages ging es mit seiner Familie spazieren. Da entdeckte es an einem See eine andere Entenfamilie – und das kleine, schwarze Entlein watschelte hinterher!
„Endlich bin ich nicht mehr ganz allein", freute sich das kleine, schwarze Entlein...

2 Spiegle und rechne.

3 + 3 = __

__ + __ = __

__ + __ = __

3

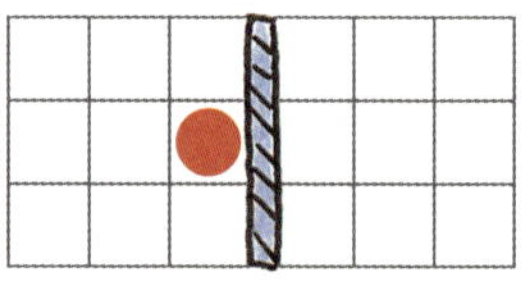

__ + __ = __

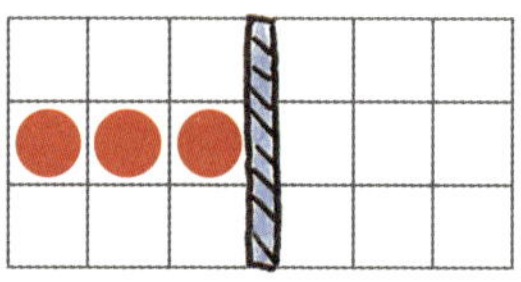

__ + __ = __

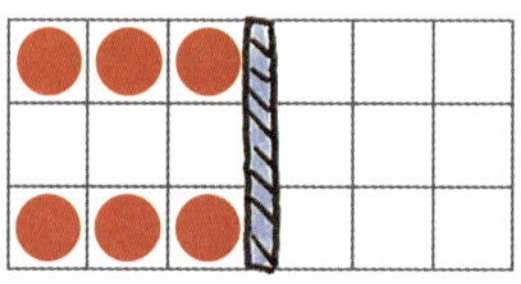

__ + __ = __

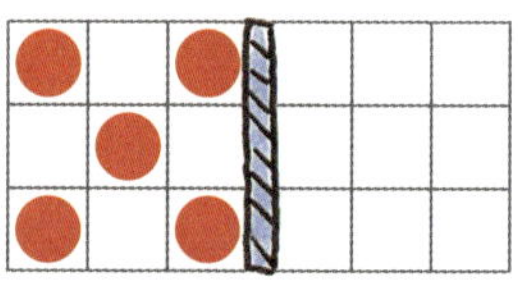

__ + __ = __

4

die **Zahl**	1	2	3	4	5
das **Doppelte** der Zahl			6		

5

0 + 0 = __	4 + 0 = __	5 + 5 = __	7 + 3 = __
0 + 1 = __	4 + 2 = __	5 + 3 = __	6 + 4 = __
0 + 2 = __	4 + 4 = __	5 + 1 = __	8 + 2 = __
0 + 3 = __	4 + 6 = __	5 + 0 = __	10 + 0 = __

1 Text vorlesen; Bild beschreiben, Verdopplungsaufgaben finden und rechnen **2, 3** Verdoppeln mit dem Spiegel, Aufgaben schreiben und rechnen **4** Fehlende Zahlen ergänzen **5** Aufgaben im Zahlenraum bis 10 lösen

Halbieren

1

Die Hälfte von 4 ist __.

Die Hälfte von 10 ist __.

2

Die Hälfte von __ ist __.

Die Hälfte von __ ist __.

Die Hälfte von __ ist __.

3

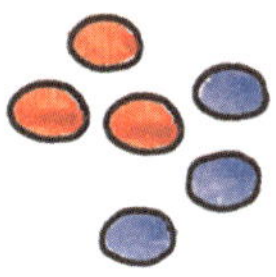

6

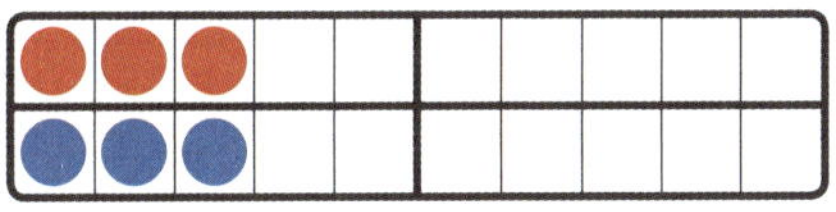

6 = __ + __

4

2 = __ + __   8 = __ + __   6 = __ + __

10 = __ + __   4 = __ + __   12 = __ + __

5

6

die **Zahl**	2		6	8	
die **Hälfte** der Zahl		2			

1 Nachspielen, auch andere Beispiele handelnd lösen **3** Plättchen abzählen und in die 2 Reihen des 20er-Feldes einsortieren, Kontrolle durch den Partner **4**, **5** Rechensätze für die Zahlen, die sich halbieren lassen, notieren **6** Fehlende Zahlen bzw. Plättchen ergänzen

Nachbaraufgaben

1

2

3

__ + __ = __   __ + __ = __

1 + 1 = __

__ + __ = __   __ + __ = __

__ + __ = __   __ + __ = __

5 + 5 = __

__ + __ = __   __ + __ = __

4

8 – 3 = __   __ – __ = __

8 – 4 = __

__ – __ = __   __ – __ = __

__ – __ = __   11 – 5 = __

10 – 5 = __

__ – __ = __   __ – __ = __

Zuerst die Verdopplungs- bzw. Halbierungsaufgaben lösen, dann auf die Nachbaraufgaben schließen

Ergänzen

1

3 + __ = 8

2

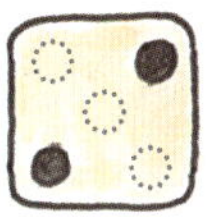
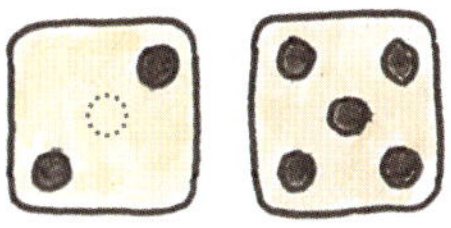
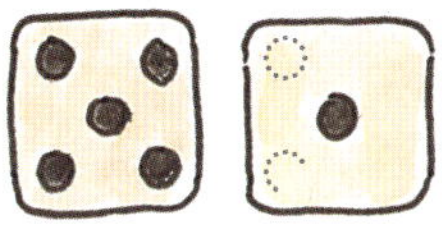
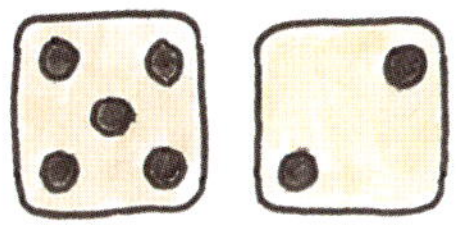

2 + __ = 5 | 7 + __ = 8 | 6 + __ = 10 | 7 + __ = 9

3 Wie viele noch bis 10?

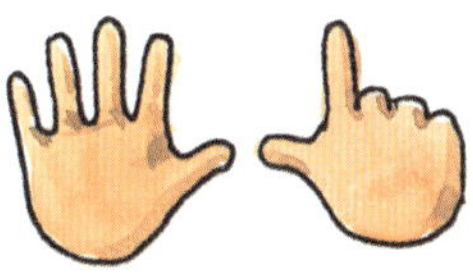
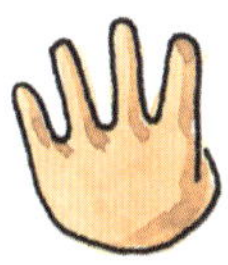
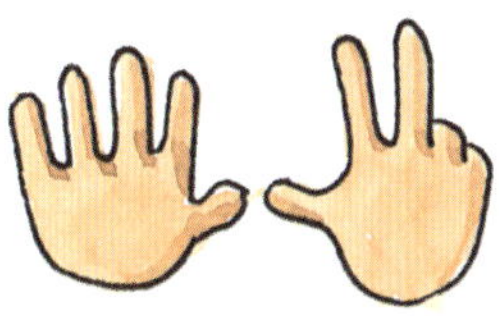

7 + __ = 10 | 4 + __ = 10 | __ + __ = 10 | __ + __ = 10

4

2 + 2 = 4
5 + 2 = 7
4 + 2 = 6
7 + 1 = 8
3 + 3 = 6

5 + 1 = 6
5 + 3 = 8
5 + 5 = 10
5 + 2 = 7
5 + 0 = 5

5

3 + 6 = 9
4 + 5 = 9
5 + 4 = 9
6 + 3 = 9
7 + 2 = 9

6 + __ = 6
6 + __ = 10
6 + __ = 7
6 + __ = 8
6 + __ = 11

6

1 + 2 = 3
1 + 2 = 4
2 + 2 = 5
4 + 2 = 6

1 + 5 = 6
2 + 5 = 7
3 + 5 = 8
4 + 5 = 9

7

1 + 2 = 8
2 + 5 = 8
8 + 8 = 8
8 + 0 = 8

3 + 2 = 5
3 + 3 = 6
3 + 5 = 8
3 + 5 = 9

1 Situation auch mit anderen Anzahlen nachspielen **2** Punkte ergänzen und Aufgaben berechnen
3 Aufgaben in Partnerarbeit rechnen

Zahlenmauern

1

2

3

4

5

6 Wer erreicht die größte Zahl?

Alle Aufgaben können zunächst mit Zahlenkarten gelegt werden **4** Ergänzungsaufgaben lösen
5 Beide Mauern miteinander vergleichen und begründen, warum die Ergebnisse unterschiedlich sind
6 Zunächst mit Zahlenkarten Zahlenmauern mit den Basissteinen 1, 2 und 3 legen

Rechengeschichten

Plus- und Minusaufgaben im Bild suchen, notieren und ausrechnen

Legen und rechnen mit Geld

1

 ___ €

 ___ €

 ___ ct

 ___ ct

 ___ €

 ___ €

 ___ ct

 ___ €

 ___ ct

2 Wie viel Cent?

 ___ ct

 ___ ct

 ___ ct

3 Wie viel Euro?

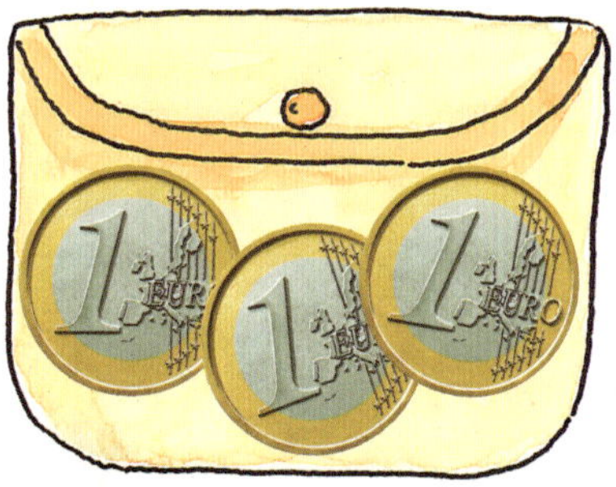 ___ €

 ___ €

 ___ €

€	€				ct	ct			

1 Münzen und Scheine kennenlernen, Beträge eintragen 2, 3 Geldbeträge bestimmen

1 Wo ist mehr? Vergleiche.

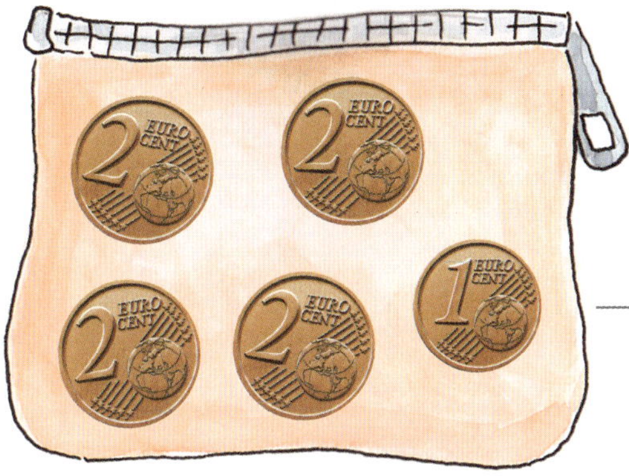

___ ct ◯ ___ ct

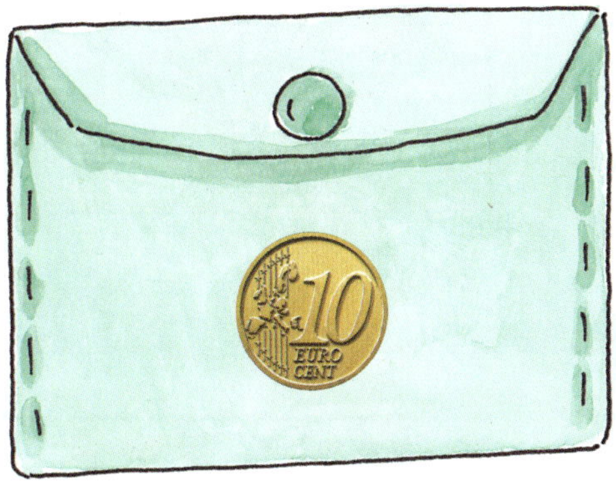

2 Wo ist mehr? Vergleiche.

___ € ◯ ___ €

3 Wie viel Euro?

 ___ €  ___ € 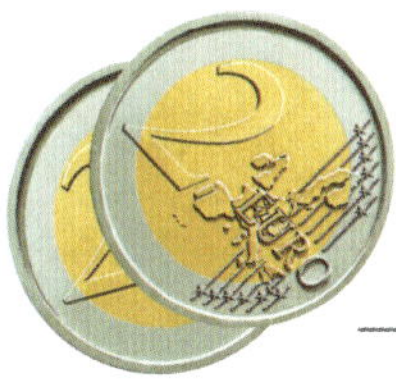 ___ €  ___ €

4 Was fehlt? Male.

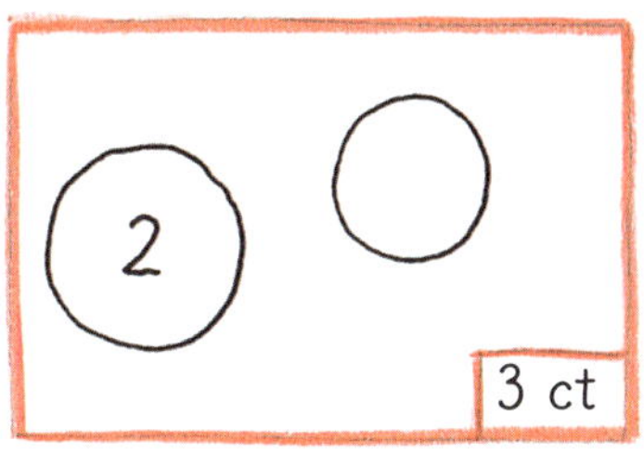

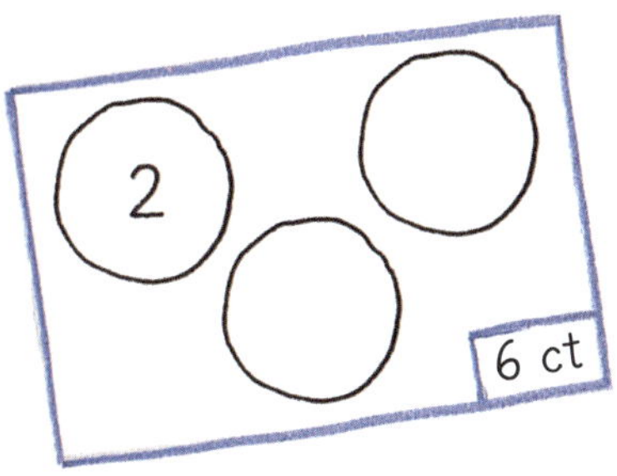

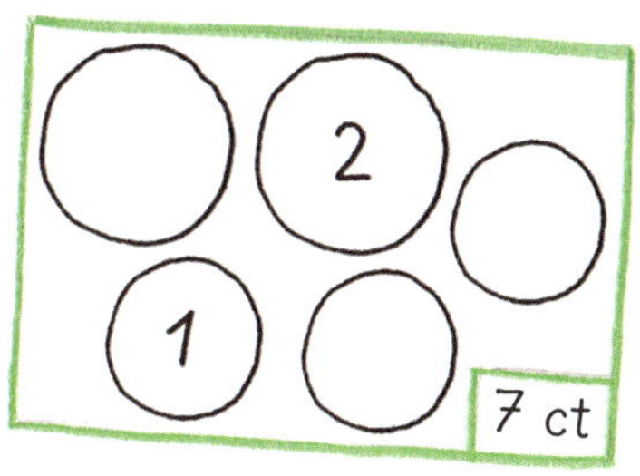

5 Lege mit wenig Münzen: 4 ct, 5 ct, 8 ct, 10 ct 

6 Lege mit wenig Münzen: 2 €, 5 €, 8 €, 10 € 

7 Welchen Betrag kann man mit zwei Centmünzen legen? Male an.

1 ct	2 ct	3 ct	4 ct	5 ct	6 ct	7 ct	8 ct	9 ct	10 ct

1 bis **3** Beträge bestimmen und vergleichen, > < = einsetzen **4** Fehlende Münzen eintragen **5**, **6** Lösungen mit dem Partner vergleichen; durch Probieren lösen

?! Wiederholung

1

___ + ___ = ___ ___ − ___ = ___ ______________

2

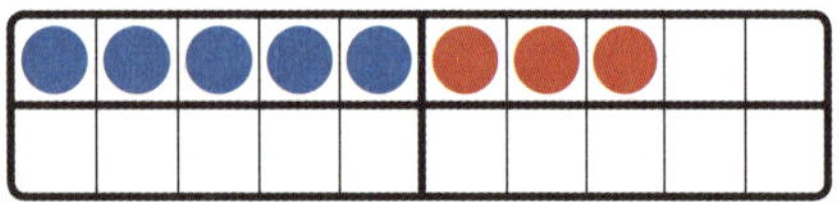 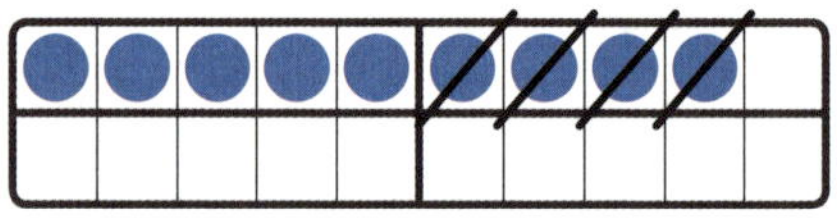

___ + ___ = ___ ___ − ___ = ___

3

5 + 2 = ___	2 + 3 = ___	1 + 4 = ___	6 + 0 = ___
5 + 3 = ___	4 + 3 = ___	3 + 4 = ___	6 + 1 = ___
5 + 4 = ___	6 + 3 = ___	5 + 4 = ___	6 + 2 = ___
5 + 5 = ___	8 + 3 = ___	7 + 4 = ___	6 + 3 = ___

4

6 − 3 = ___	8 − 2 = ___	10 − 2 = ___	5 − 4 = ___
6 − 2 = ___	6 − 2 = ___	10 − 3 = ___	7 − 4 = ___
6 − 1 = ___	4 − 2 = ___	10 − 4 = ___	9 − 4 = ___
6 − 0 = ___	2 − 2 = ___	10 − 5 = ___	11 − 4 = ___

5 Verdopple.

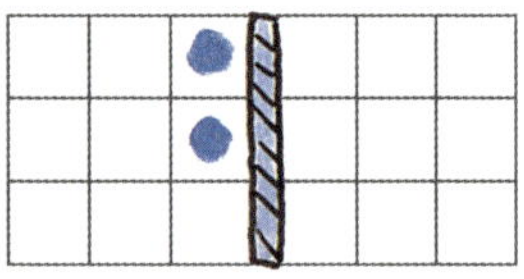 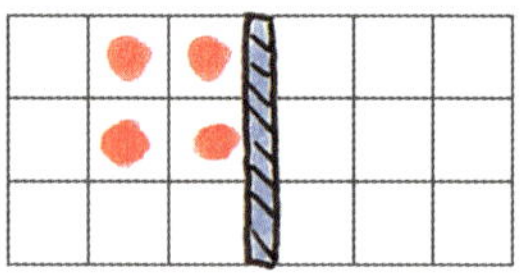 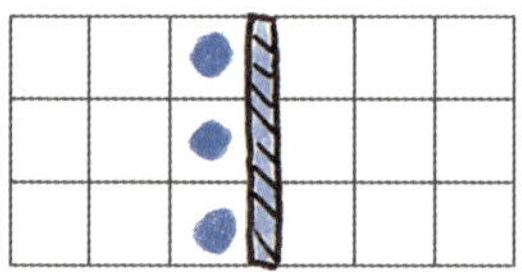 

6

0 + 0 = ___	2 + 2 = ___	4 + ___ = ___
1 + 1 = ___	3 + 3 = ___	5 + ___ = ___

7

4 + 3 = ___ | ___ + ___ = ___ | ___ + ___ = ___ | ___ + ___ = ___

4 + 4 = ___ | 3 + 3 = ___

___ + ___ = ___ | 4 + ___ = ___ | ___ + ___ = ___ | ___ + ___ = ___

?!

1 Male die Hälfte aus.

2 Halbiere.

2 = __ + __
4 = __ + __

6 = __ + __
8 = __ + __

10 = __ + __
12 = __ + __

3

5 + __ = 8

3 + __ = 7

4 + __ = 9

6 + __ = 10

4

2 + __ = 5
3 + __ = 5
4 + __ = 5
5 + __ = 5

4 + __ = 4
4 + __ = 5
4 + __ = 6
4 + __ = 7

5 + __ = 10
6 + __ = 10
7 + __ = 10
8 + __ = 10

1 + __ = 5
3 + __ = 6
5 + __ = 7
7 + __ = 8

5

3 8 5

3 + 5 = 8
5 + __ = __
8 − __ = __
8 − __ = __

3 4 7

____
____
____
____

6

2 4 6 8

2 + __ = __
____
____
____

6 + __ = __
____
____
____

7

__ ct

__ ct

8

9 €

8 €

Meilenstein 1

1

___ ___ ___ ___ ___

2 Immer 4.

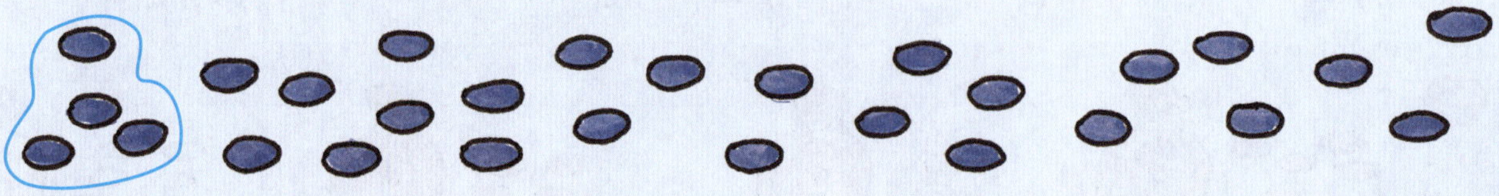

Immer 7.

3

___ ___ ___ ___

4 Male.

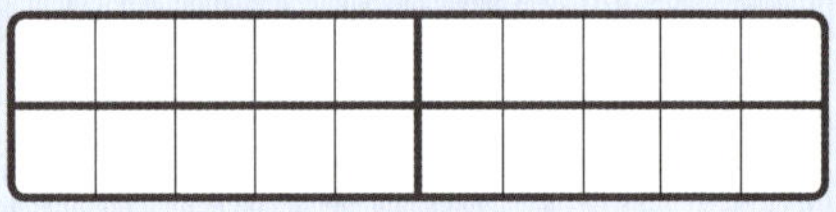

6

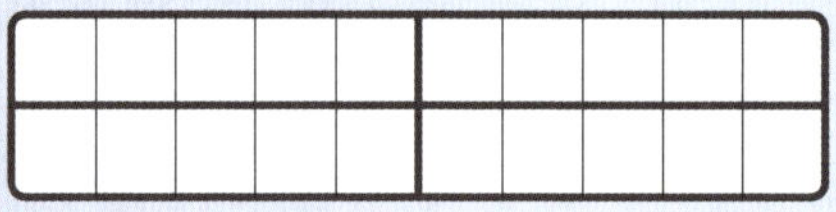

8

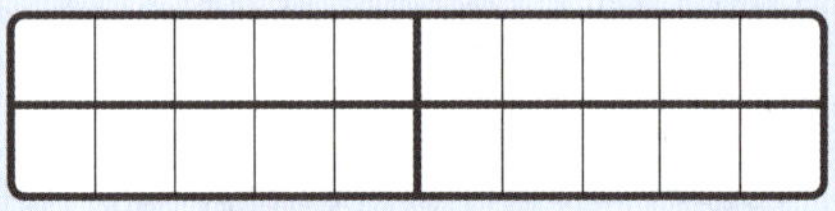

10

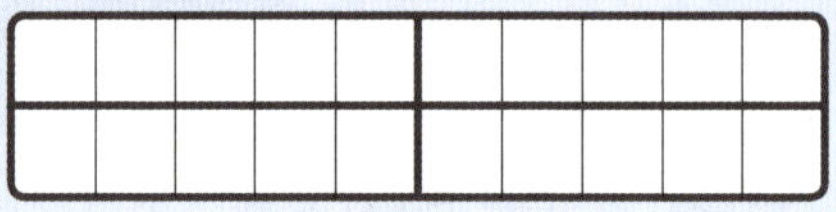

7

5 Immer 10.

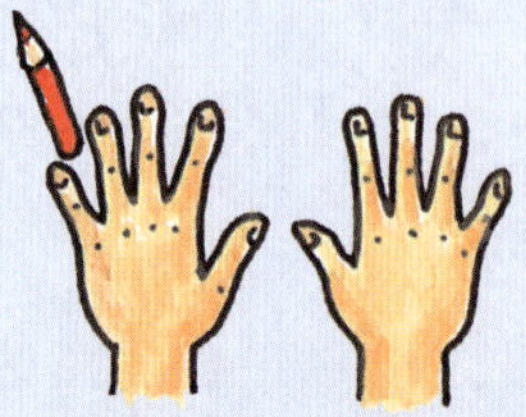

1 + 9 = ___ ___ ___

2 + ___ ___ ___

___ ___ ___

1 bis **3** Zählen und Anzahlen bestimmen **4** Zahlen darstellen **5** Mittels Stift Zerlegungen von 10 nachspielen und Aufgaben mit der Summe 10 aufschreiben

1 Vergleiche.

3 < 5 ______ ______ ______

2

9 ◯ 10 4 ◯ 8 5 ◯ 4 1 ◯ 2

6 ◯ 6 0 ◯ 10 7 ◯ 3 4 ◯ 7

3 Vorwärts und rückwärts

0	1	2								

10	9									

4 Vorgänger und Nachfolger

	5	

	2	

		10

	7	

3		

	1	

5 Setze fort.

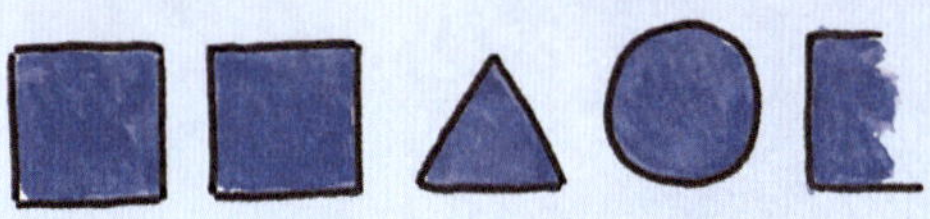

______

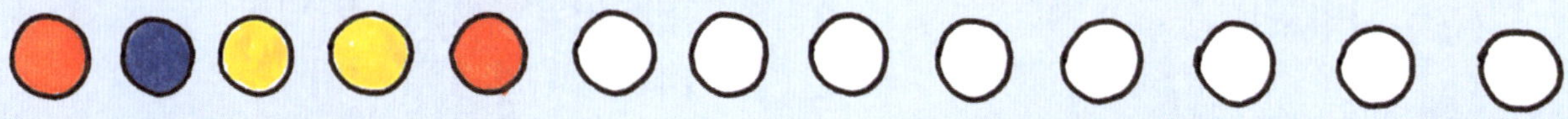

6

5 + 5 = ___ 10 – 1 = ___ 2 + 2 = ___ 6 – 0 = ___

5 + 4 = ___ 10 – 2 = ___ 3 + 3 = ___ 5 – 1 = ___

5 + 3 = ___ 10 – 3 = ___ 4 + 4 = ___ 4 – 2 = ___

5 + 2 = ___ 10 – 4 = ___ 5 + 5 = ___ 3 – 3 = ___

5 Gesetzmäßigkeiten erkennen und Reihe fortsetzen

Die Zahlen von 11 bis 20

 卌 卌 I		 卌 卌 III	 卌 卌 IIII	 卌
11	12		14	15
●●●●●●●●●● ●	●●●●●●●●●● ●●	●●●●●●●●●● ●●●	●●●●●●●●●● ●●●●	●●●●●●●●●●
10 + 1	10 + 2	10 + 3	10 + ___	10 + ___

Übersicht unten vervollständigen: dazu Anzahlen bestimmen und fehlende Zahlen eintragen, Strichliste und Punktbilder im 20er-Feld vervollständigen

Z	E
1	2

16		18		20
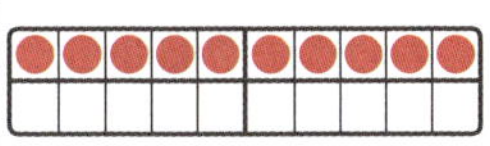	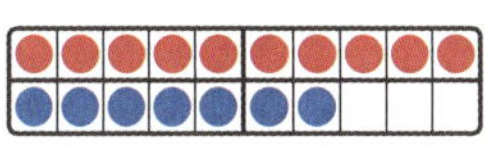	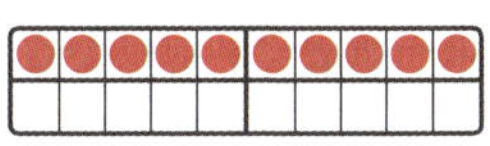	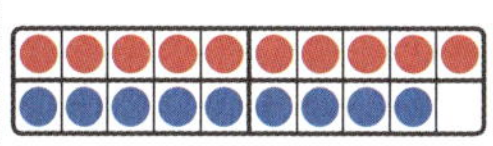	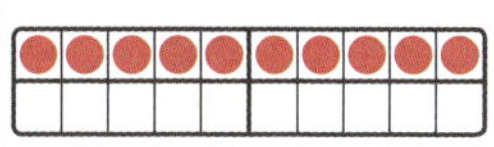
10 + 6	10 + ___	___ + 8	___ + ___	___ + ___

Zehner und Einer

1

Zehner	Einer

2

Zehner	Einer

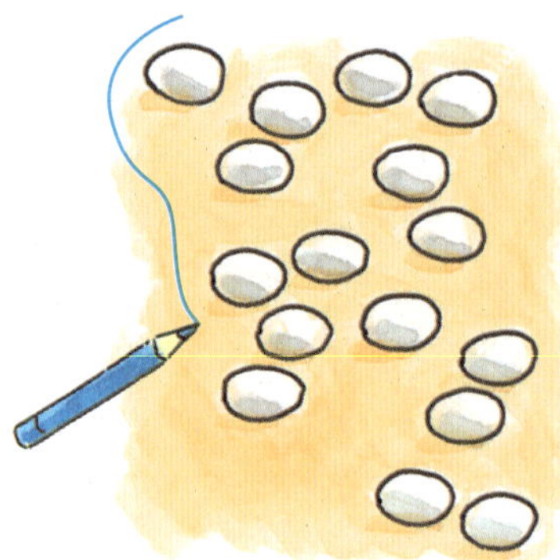

Zehner	Einer

3 Zehn und mehr

Z	E

Z	E

Z	E

4

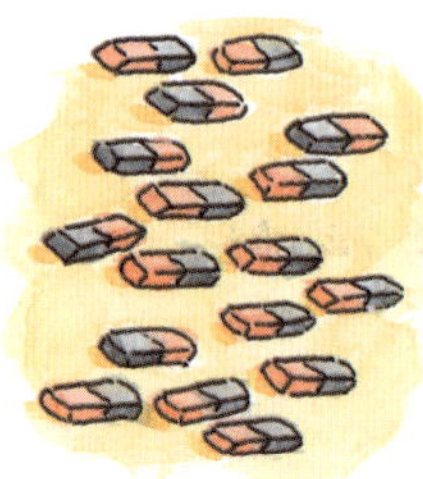

Z	E

Z	E

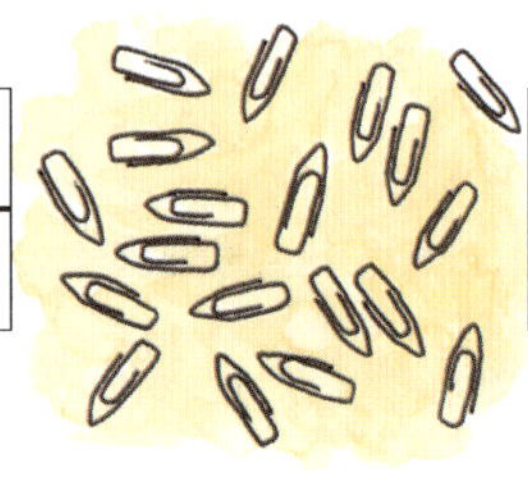

Z	E

1 Zehnerbündelung beschreiben, Anzahl bestimmen, Tabelle ergänzen **2** Eier abstreichen, in 10er-Karton malen und Tabelle und Anzahl ergänzen; 10er-Bündelungen durchführen **3**, **4** Jeweils 10er-Bündelungen durchführen oder jeweils 10 abstreichen; Bündelungen in der Umwelt thematisieren

1

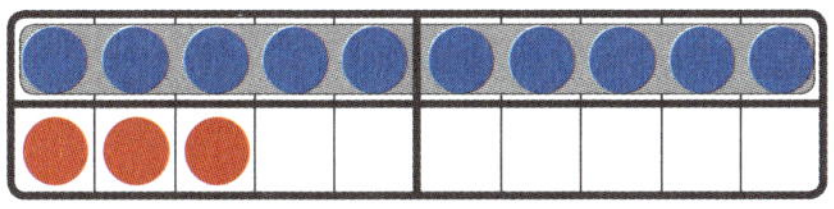

Z	E
1	3

10 + 3 = ___

dreizehn

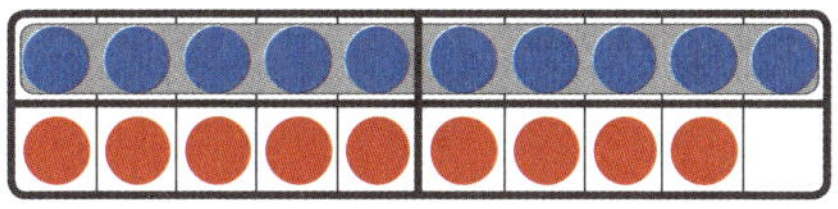

Z	E

10 + 9 = ___

neunzehn

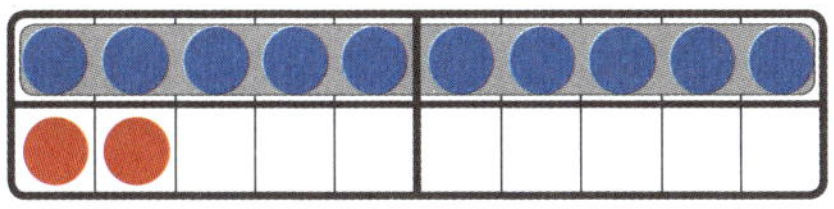

Z	E
1	2

___ + ___ = ___

zwölf

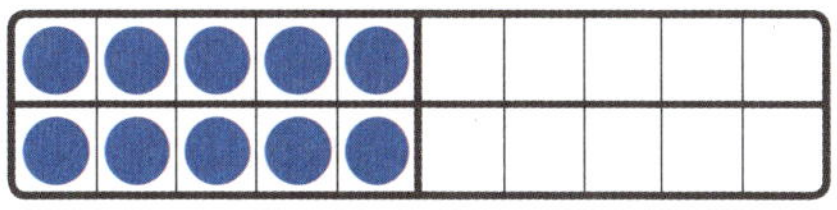

Z	E
1	1

___ + ___ = ___

elf

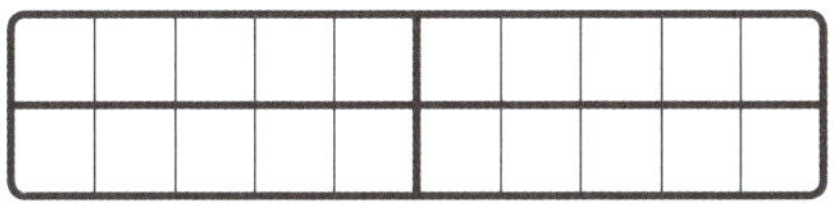

Z	E

10 + 4 = ___

vierzehn

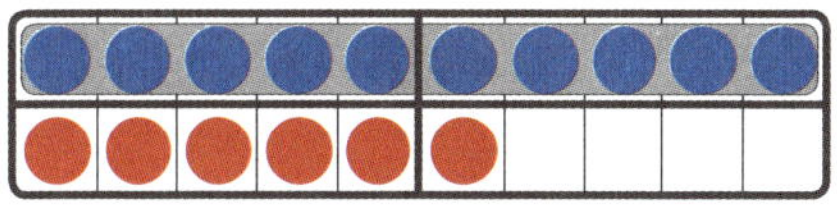

Z	E

___ + ___ = ___

sechzehn

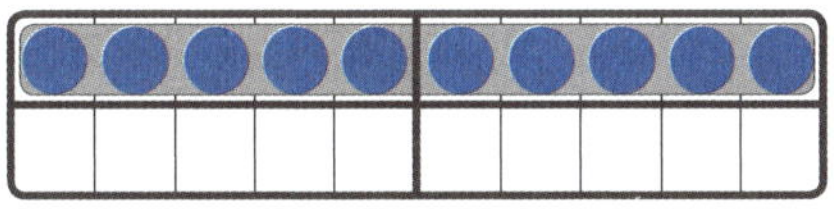

Z	E
1	5

___ + ___ = ___

____

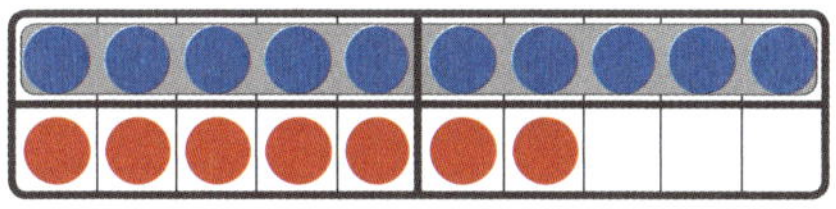

Z	E

___ + ___ = ___

siebzehn

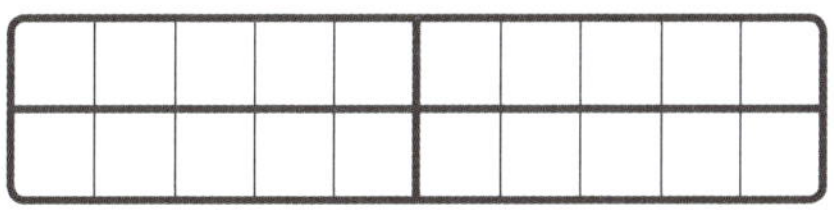

Z	E
1	0

___ + ___ = ___

____

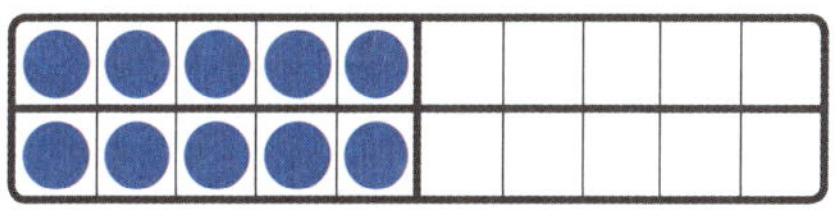

Z	E
2	0

___ + ___ = ___

zwanzig

2

11 = 10 + ___ 15 = 10 + ___ 13 = ___ + ___ 18 = ___ + ___

14 = 10 + ___ 12 = 10 + ___ 16 = ___ + ___ 20 = ___ + ___

3

___ = 10 + 6

___ = 10 + 3

___ = 10 + 2

___ = 10 + 5

___ = 10 + 9

___ = 10 + 0

4

11 – 1 = ___

12 – 2 = ___

13 – 3 = ___

___ – ___ = ___

___ – ___ = ___

___ – ___ = ___

5

15 – ___ = 10

18 – ___ = 10

16 – ___ = 10

12 – ___ = 10

20 – ___ = 10

10 – ___ = 10

1 Zahlen mit Zehner-, Fünferstreifen und Einzelplättchen im Zwanzigerfeld legen; Beispiele ergänzen: Punktbilder im 20er-Feld, Zahlzerlegungen, Eintragungen in Stellenwerttabelle, Zahlwörter

Die Zahlen von 1 bis 20

1

2

1				5					10
11				15					20

3

4

1 + 10 = 11　　4 + ___ = 14　　11 − 10 = ___　　14 − ___ = 4

2 + 10 = ___　　5 + ___ = 15　　12 − 10 = ___　　15 − ___ = 5

3 + 10 = ___　　6 + ___ = 16　　13 − 10 = ___　　16 − ___ = 6

5 Rechne über Kreuz.

1	2
11	12

1 + 12 =

2 + 11 =

3	4
13	14

5	6
15	16

1 bis **3** Anordnung der Zahlen im Zwanzigerraum entdecken, Situationen nachspielen, fehlende Zahlen eintragen
4, **5** Zahlbeziehungen durch Rechnen entdecken

Zahlen vergleichen und ordnen

1

___ > ___   ___ = ___   ___ < ___

___ ist größer als ___   ___ ist gleich ___   ___ ist kleiner als ___

2 Setze <, > oder = ein.

3 ◯ 5	6 ◯ 9	8 ◯ 8	7 ◯ 4
13 ◯ 15	16 ◯ 19	18 ◯ 18	17 ◯ 14

3

11 ◯ 12	19 ◯ 13	20 ◯ 0	18 ◯ 19
12 ◯ 13	17 ◯ 14	15 ◯ 10	14 ◯ 17
13 ◯ 14	15 ◯ 15	10 ◯ 10	12 ◯ 11
14 ◯ 15	13 ◯ 16	11 ◯ 21	16 ◯ 15

4

0, 4 ___

5

20, ___

6 Trage ein: 20, 10, 5, 15, 3, 7, 13, 17

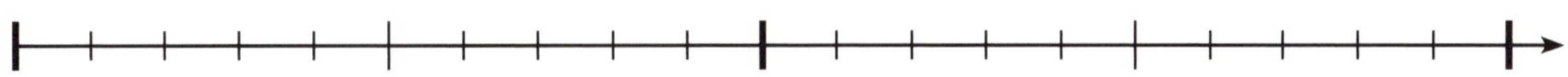

0

7

Vorgänger	Zahl	Nachfolger
	10	
	17	
	15	
	19	

8

V	Z	N	V	Z	N
	14		19		
10					17
	18				10
11				13	

1 bis **3** Zahlen vergleichen **4** Zahlen der Größe nach ordnen, mit der kleinsten Zahl beginnen **5** Ordnen: mit der größten Zahl beginnen

Ordnungszahlen

1

2 Färbe.

▽ 5., 10., 15. ▽ 2., 8., 12., 14. ▽ 3., 7., 9,. 13. ▽ 1., 4., 6., 11.

3 Daumenkino. Sortiere.

___ ___ ___ 1. ___ ___ ___

4

5. ___ ___ ___

● 5. ___ ● 4. ___ ● 1. ___ ● ___

1 Reihenfolge bestimmen, Ordnungszahlen eintragen **2** Wimpel nach gegebener Reihenfolge im Bild oben färben
4 Reihenfolge bestimmen, Ordnungszahlen entsprechend der Farben zuordnen

Wiederholung

?!

1 Wie viele?

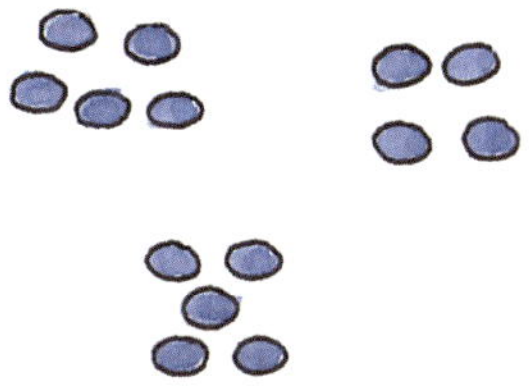

Z	E

Z	E

2

______ ______ ______ ______ ______

3 15 11 13 17 10 20 19

neunzehn fünfzehn zehn siebzehn dreizehn elf zwanzig

4

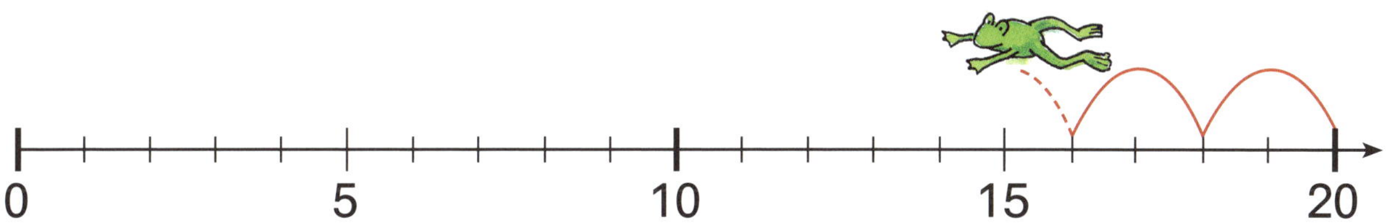

5

13				17
20				16
		11		13

6

V	Z	N
	10	11
14	15	
12		
		20

V	Z	N
17		
		17
		10
	20	

7

10 + 1 = ___ 10 + 0 = ___
10 + 3 = ___ 10 + 2 = ___
10 + 5 = ___ 10 + 4 = ___
10 + 7 = ___ 10 + 6 = ___
10 + 9 = ___ 10 + 8 = ___

8

13 − ___ = 10 10 − ___ = 10
17 − ___ = 10 20 − ___ = 10
19 − ___ = 10 15 − ___ = 10
14 − ___ = 10 11 − ___ = 10
16 − ___ = 10 18 − ___ = 10

9

19 + ___ = 20 15 + ___ = 20
17 + ___ = 20 13 + ___ = 20

10

___ + 2 = 20 ___ + 6 = 20
___ + 4 = 20 ___ + 8 = 20

1, **2** Zählen, Zahlen und Anzahlen bestimmen **3** Zahlen und Zahlwörter einander zuordnen **4** Sprünge auf dem Zahlenstrahl eintragen

Grunderfahrungen mit Flächen

1 Erzähle.

2 Male aus.

Merke

Vierecke

Kreis **Dreieck** **Rechteck** **Quadrat**

1 Situation kann im Klassenraum nachgespielt werden **2** Flächen nach Vorgabe färben

Legen und auslegen

1 Lege aus und zähle.

2 Lege nach und zähle. Erfinde weitere Legeweisen.

3 Lege unterschiedlich aus und notiere.

Lösung	▭	□	△	△
1.	1	1	2	0
2.				
3.				
4.				
5.				
6.				
7.				

1 Mit den Formenplättchen auslegen (s. Beilage) und Anzahl notieren **2** Entsprechend der Verkleinerung nachlegen und Anzahlen notieren **3** Unterschiedliche Lösungen in die Tabelle eintragen

Erkennen von Flächen

Lege unterschiedlich aus.

Spielgeräte mit Formenplättchen unterschiedlich auslegen; je zwei Lösungen in die Listen eintragen

Lege nach Vorgabe.
Finde weitere Lösungen.

Figuren nach Vorgabe auslegen; anschließend je eine weitere Legemöglichkeit suchen

Addieren im Zahlenraum von 10 bis 20

1

4 + 3 = 7　　　　14 + 3 = 17

2 Lege und rechne.

3 + 2 = ___	5 + 3 = ___	1 + 7 = ___	4 + 6 = ___
13 + 2 = ___	15 + 3 = ___	11 + 7 = ___	14 + 6 = ___

3 Male und rechne.

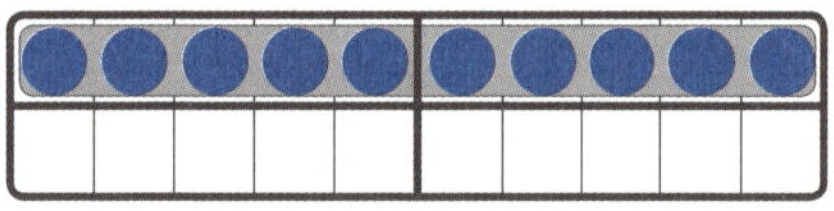

3 + 3 = ___
13 + 3 = ___

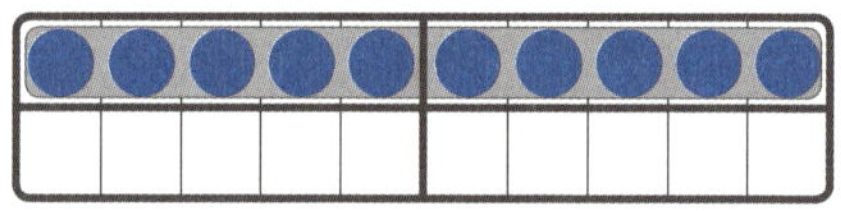

2 + 5 = ___
12 + 5 = ___

4

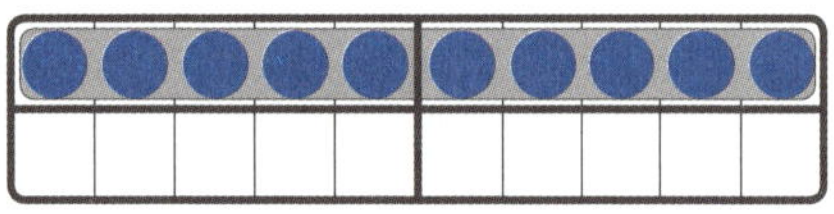

2 + 6 = ___
12 + 6 = ___

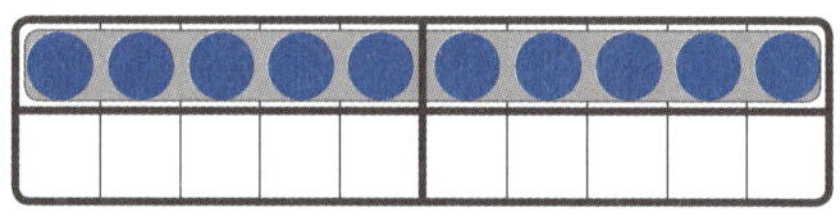

1 + 5 = ___
11 + 5 = ___

Merke

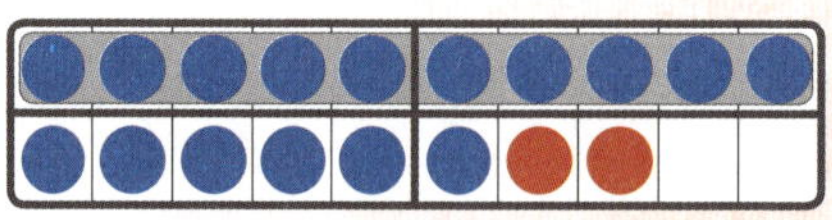

6 + 2 = 8
16 + 2 = 18

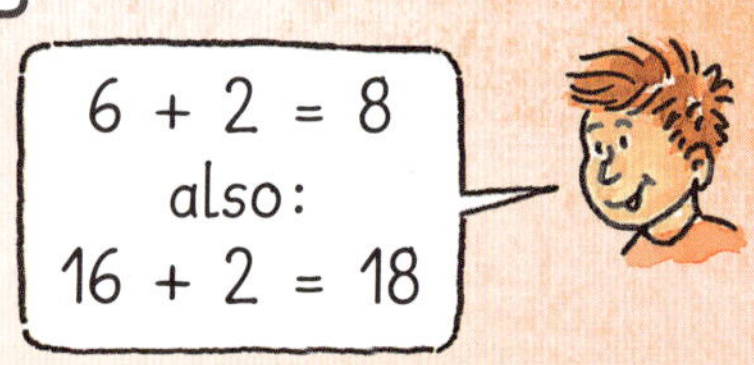

1 Situation nachspielen **2** Beim Legen den Zehnerstreifen benutzen **3, 4** Zehnerstreifen benutzen und im 20er-Feld die einfache Aufgabe ergänzen

1 Rechne zuerst die einfache Aufgabe.

11 + 3 = ___	15 + 4 = ___	12 + 5 = ___	17 + 2 = ___
1 + 3 = ___	5 + 4 = ___	___ + ___ = ___	___ + ___ = ___

2

1 + 4 = ___

4 + 2 = ___

15 + 1 = ___

4 + 4 = ___

12 + 7 = ___

11 + 4 = ___

12 + 0 = ___

5 + 1 = ___

16 + 3 = ___

2 + 7 = ___

14 + 4 = ___

6 + 3 = ___

14 + 2 = ___

2 + 0 = ___

3

14 + 1	18 + 1	10 + 5
18 + 0	12 + 4	16 + 2
10 + 1	17 + 0	13 + 4
11 + 2	11 + 6	19 + 0

4

13 + 5	15 + 0
14 + 4	16 + 1
15 + 3	17 + 2
16 + 2	18 + 3

5 Immer 20.

16 + ___ = 20	20 + ___ = 20	13 + ___ = 20	17 + ___ = 20
18 + ___ = 20	15 + ___ = 20	11 + ___ = 20	10 + ___ = 20

6 Wie geht es weiter?

12 + 3	10 + 0
12 + 4	10 + 2
12 + 5	10 + 4

7 Wie geht es weiter?

18 + 2	5 + 3
16 + 2	15 + 3
14 + 2	

2 Analoge Aufgaben in gleicher Farbe ausmalen und ausrechnen **4** Rechnen und Auffälligkeiten beschreiben
6, **7** Gesetzmäßigkeiten erkennen und Aufgaben fortsetzen

Tauschaufgaben

1

2 Male und schreibe die Tauschaufgaben.

2 + 13 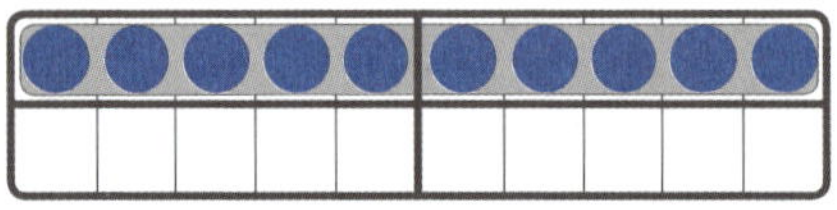 ___ + ___ = ___

4 + 11 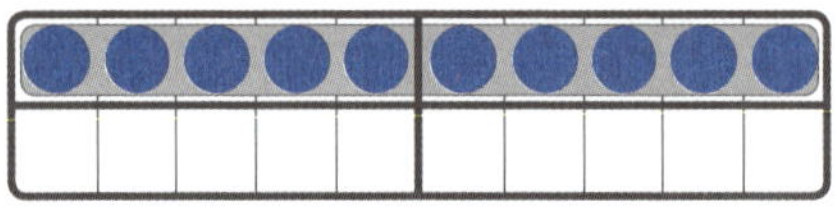 ___ + ___ = ___

Merke

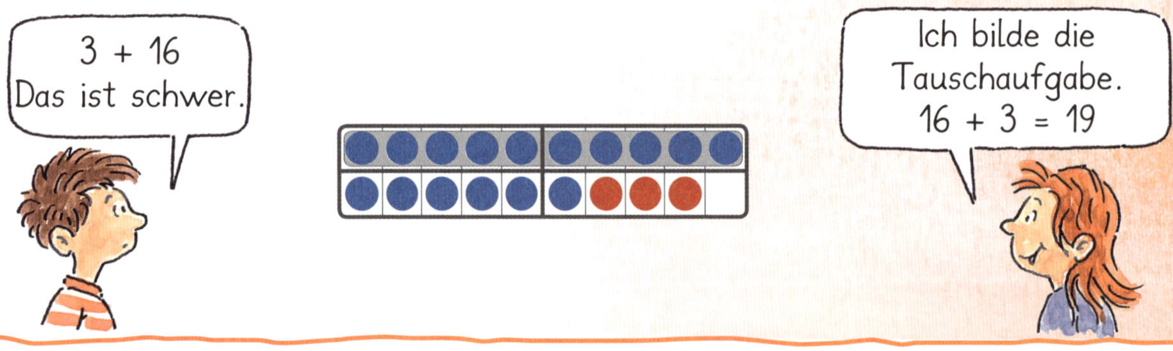

3

3 + 12	12 + 3 = ___
4 + 13	13 + 4 = ___
5 + 15	15 + 5 = ___

8 + 11	11 + 8 = ___
2 + 17	17 + 2 = ___
6 + 14	14 + 6 = ___

4

3 + 10	1 + 11	9 + 10
2 + 15	0 + 14	8 + 12
1 + 12	5 + 13	10 + 7

5

17 + 3	4 + 15
6 + 13	12 + 6
14 + 4	2 + 18

1, **2** Tauschaufgabe als Rechenhilfe erkennen und nutzen **3** Nur die Tauschaufgabe lösen **4**, **5** Aufgaben lösen; Tauschaufgabe dort anwenden, wo es sinnvoll ist

Rechnen in Tabellen

1

2

+	3	4
10	13	
12		

10 + 3 = 13
10 + 4 = 14
12 + 3 =
12 + 4 =

+	2	5
10		
15		

3

+	2	1
17	19	
15		

+	1	0
11		
14		

4

+	0	1	3
15			
16			
17			

+	2	0	3
13			
16			
17			

5

+	2	4	6
11			
13			
15			

6

+	5	8	7
12			
11			
10			

+	4	6	8
10			
11			
13			

7

+	13	10	14
7			
6			
5			

1 Geometrische Formen (nach-)zeichnen und in der richtigen Farbe bzw. mit dem richtigen Muster ausfüllen
2 bis **6** Tabellen ausfüllen **7** Tauschaufgabe zur Lösung nutzen

Subtrahieren im Zahlenraum von 10 bis 20

1

2 Lege und rechne.

4 – 2 = ___ 6 – 4 = ___ 7 – 3 = ___ 9 – 5 = ___

14 – 2 = ___ 16 – 4 = ___ 17 – 3 = ___ 19 – 5 = ___

3 Male. Dann streiche ab und rechne.

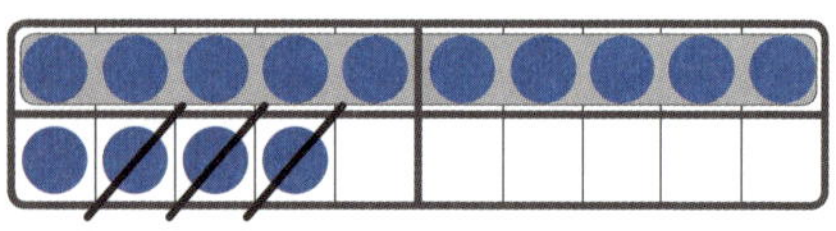

4 – 3 = ___

14 – 3 = ___

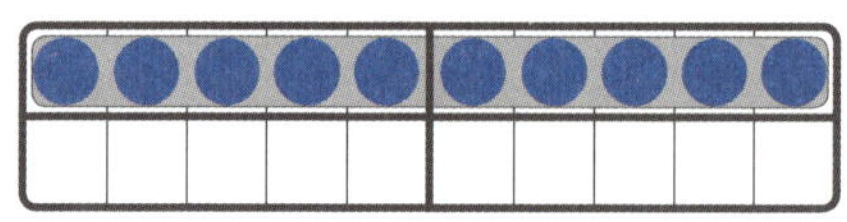

9 – 4 = ___

19 – 4 = ___

4

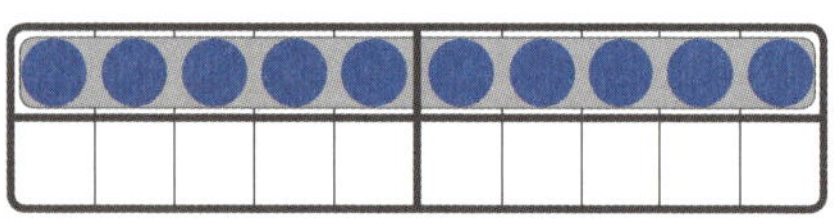

5 – 4 = ___

15 – 4 = ___

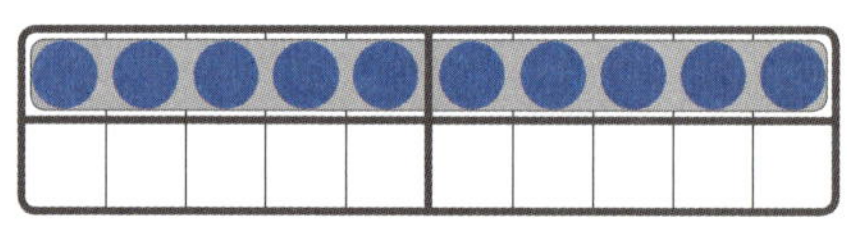

7 – 5 = ___

17 – 5 = ___

Merke

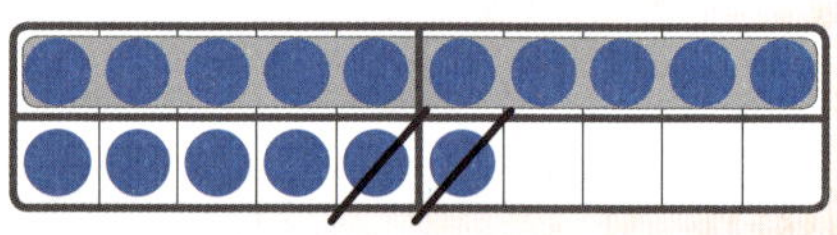

6 – 2 = 4

16 – 2 = 14

1 Situation beschreiben **2** Beim Legen den Zehnerstreifen benutzen **3, 4** Reihenfolge: malen – abstreichen – rechnen

1 Rechne geschickt.

15 – 3 = ___	16 – 5 = ___	18 – 7 = ___	17 – 4 = ___
5 – 3 = ___	6 – 5 = ___	8 – 7 = ___	___ – 4 = ___

2 Welche Ergebnisse sind richtig? Kreuze an. [X]

- 14 – 1 = 13 [ ]
- 16 – 3 = 13 [ ]
- 19 – 3 = 15 [ ]
- 18 – 4 = 14 [X]
- 17 – 6 = 11 [ ]
- 13 – 2 = 12 [ ]
- 15 – 0 = 15 [ ]
- 20 – 10 = 10 [ ]
- 19 – 8 = 10 [ ]
- 13 – 3 = 10 [ ]

3

20 – 1	17 – 4	19 – 5
20 – 2	16 – 4	19 – 6
20 – 3	15 – 4	19 – 7

4

18 – 6	5 – 3
17 – 5	10 – 3
16 – 4	15 – 3

5

–	2	0
12	10	
13		

12 – 2 = 10
12 – 0 = 12
13 – 2 =
13 – 0 =

–	1	3
13		
14		

6

–	5	0
17	12	
16		

–	2	4	5
18			
15			

7

–	7	4	5
19			
20			
17			

8

–	2	4	1
14	12	11	13
17	14	13	16
15	13	11	16

2 Die richtigen Ergebnisse markieren **3, 4** Aufgaben lösen und fortsetzen **5** bis **7** Aufgaben in den Tabellen ausrechnen **8** Die falschen Ergebnisse durchstreichen

Legen und rechnen mit Geld

1 Wie viel Cent sind es?

___ ct

___ ct

___ ct

___ ct

2 Lege mit Rechengeld und male.

13 Cent

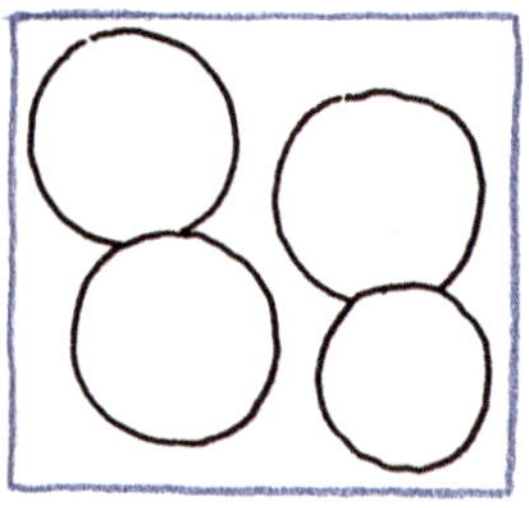

17 Cent

14 Cent

14 Cent

3 Immer 20 Cent. Lege und male.

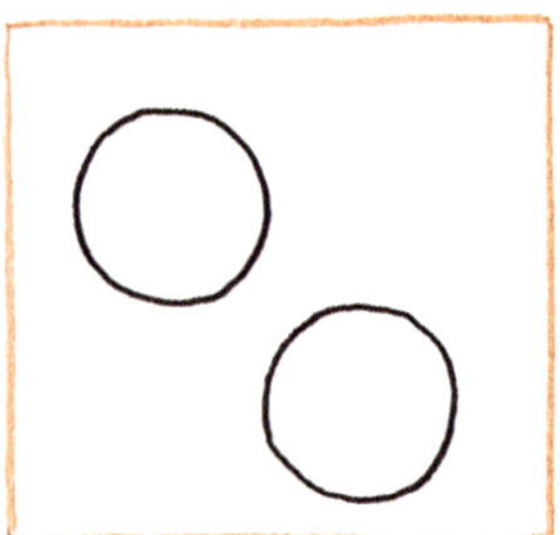

mit zwei Münzen

mit drei Münzen

mit vier Münzen

4 Welche Münzen fehlen? Trage ein.

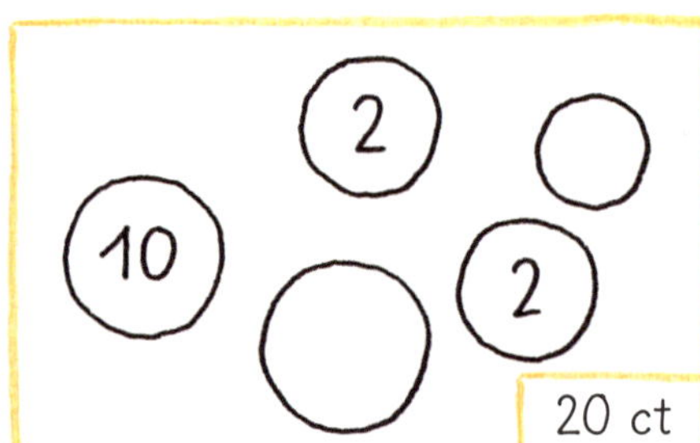

Verschiedene Legeweisen von Geldbeträgen kennen lernen **3**, **4** Zuerst mit Rechengeld legen, dann zeichnen

1 Ordne. Beginne mit dem kleinsten Wert.

___ ___ ___ 1. ___

2 Lege mit Rechengeld und male.

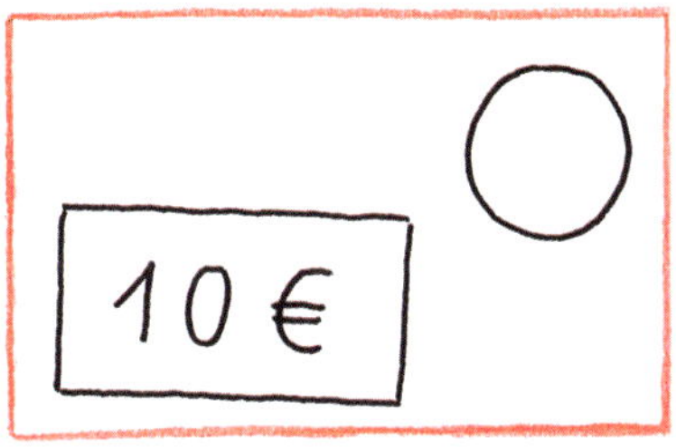

12 €

12 €

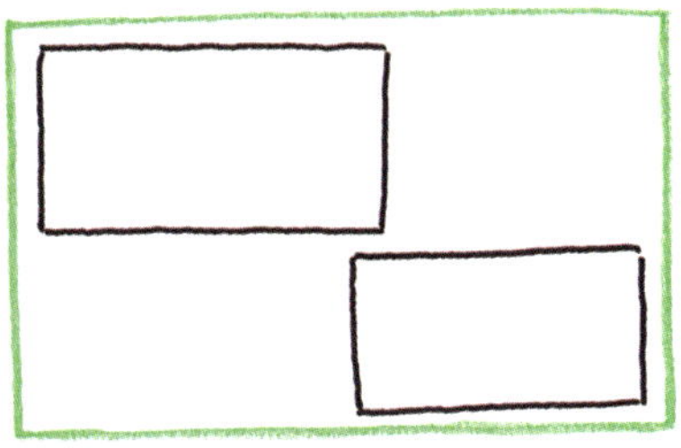

15 €

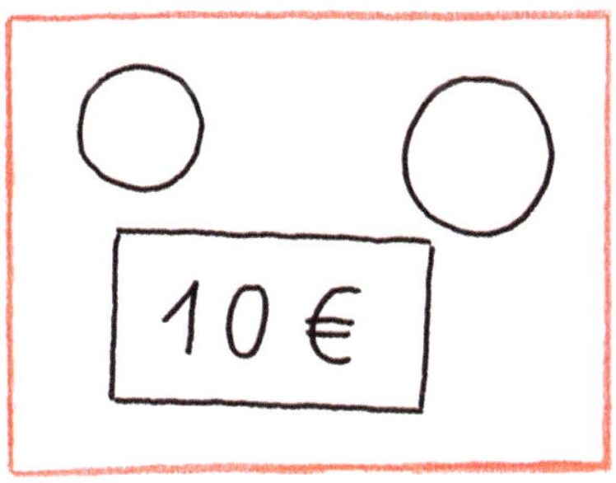

13 €

14 €

18 €

3

Katrin hat ___ € gespart.

Opa schenkt ihr .

Katrin hat jetzt ___ €.

Timo hat ___ € gespart.

Opa schenkt ihm .

Timo hat jetzt ___ €.

1 Münzen und Scheine auch mit Rechengeld nach ihrem Wert ordnen **3** Aufgaben zuerst mit Rechengeld legen, dann Ergebnisse eintragen

Sachrechnen (Geld)

1 Wie viel kostet es?

___ €

zusammen ___ €

zusammen ___ €

2

zusammen ______

zusammen ______

zusammen ______

1 Zum Bild erzählen; verschiedene Kaufsituationen nachspielen lassen **2** Die Geldbeträge mit Rechengeld legen, dann malen

Info

Flohmarkt

Früher verkauften Händler auf dem Markt alte Kleider. Darin konnte sich ab und zu ein Floh versteckt haben. Heute werden auf dem Flohmarkt viele gebrauchte Dinge angeboten. Der Name aber ist geblieben.

1 Wie viel kostet es?

Klaus kauft:

10 + 3 = ___

Es kostet ___ €.

Özlem kauft:

___ + ___ = ___

Es kostet ___ €.

2 Wie viel müssen die Kinder bezahlen?

Sina kauft:

___

Sina zahlt ___.

Mike kauft:

___

Mike zahlt ___.

Ich kaufe:

___

Ich zahle ___.

Zu dem Bild erzählen, Begriff „Flohmarkt" thematisieren **1**, **2** Zuerst den Rechensatz notieren, dann die Aufgabe lösen und das Ergebnis in den Lückentext eintragen; bei der letzten Aufgabe zuerst die gekauften Gegenstände zeichnen

Muster erkennen und fortführen

1 Setze die Muster fort.

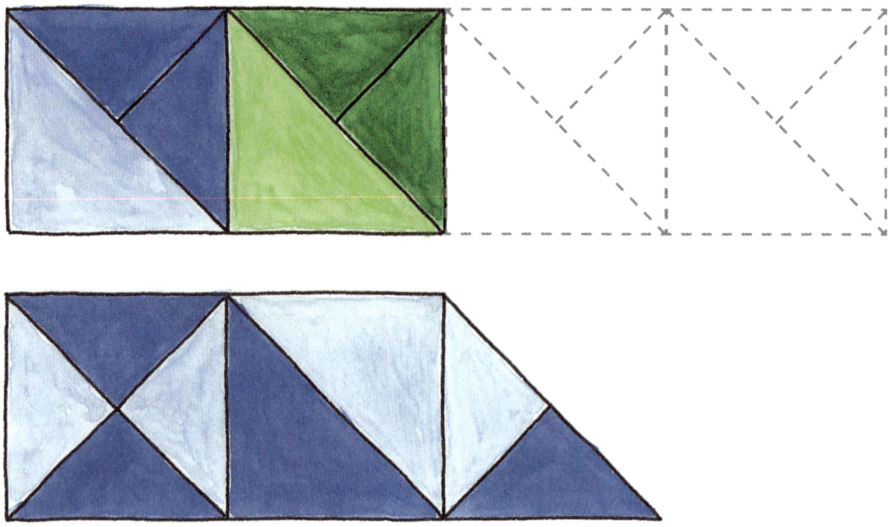

2 Lege nach und ergänze.

3 Lege Muster.

4 Finde eigene Muster.

2 Musterreihen erkennen und auf dem Tisch weiterlegen; Muster können nach rechts und nach links fortgeführt werden

Falten und gestalten

1 Mein Hut, der hat drei Ecken.

Musik & Text: trad.

2 Falte und male wie in der Anleitung.

1.
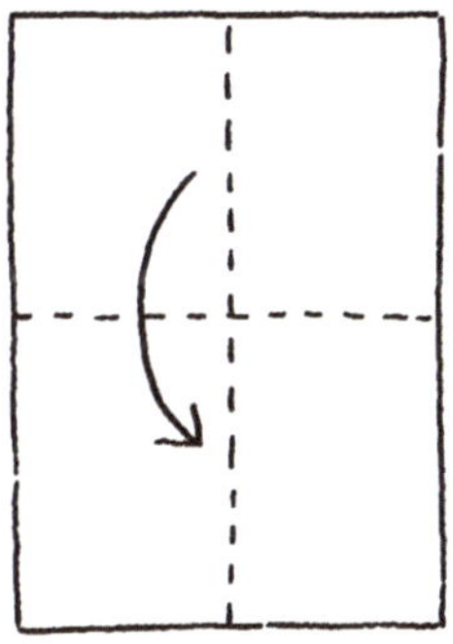
DIN-A3-Blatt zweimal falten und zusammenklappen

2.
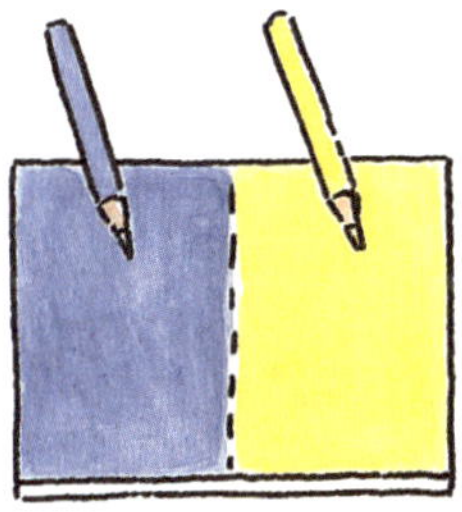
Rechtecke mit 2 Farben anmalen; farbige Seite nach unten auf den Tisch legen

3.
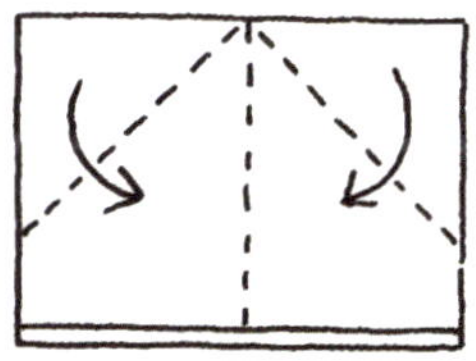
Obere Ecken zur Mitte klappen

4.

Rechteck nach oben klappen

5.

Oberes Rechteck anmalen; Dreiecke umknicken

6.

Auf der Rückseite Rechteck nach oben klappen

7.
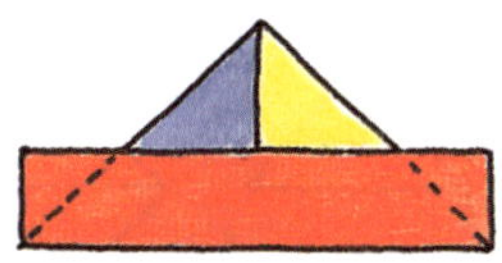
Rechteck anmalen; Dreiecke umknicken

8.

Hut mit bunten Bändern bekleben; fertig

2 Hut anhand einer Bastelanleitung nachfalten; zur Differenzierung: Hut falten ohne zuvor anzumalen; dann entfalten und die sichtbaren Seiten farbig gestalten

Erfahrungen im Umgang mit dem Spiegel

1. Verändere die Pyramide.
2. Lass den Clown lachen.
3. Schließe den Vorhang.
4. Viele Ringe – wenige Ringe?

Mit dem Spiegel experimentieren und Bilder verändern; Veränderungen wie lang – kurz, viel – wenig, traurig – fröhlich thematisieren

Bild und Spiegelbild

1 Finde die Fehler im Spiegelbild.

2 Kreuze das Spiegelbild an.

3 Halte den Spiegel an die rote Linie. Male.

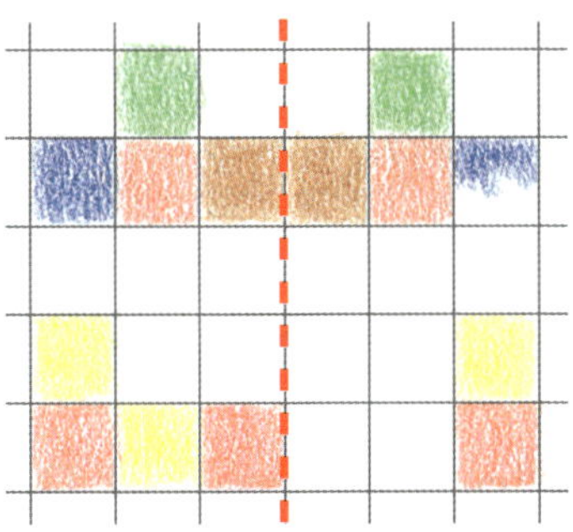

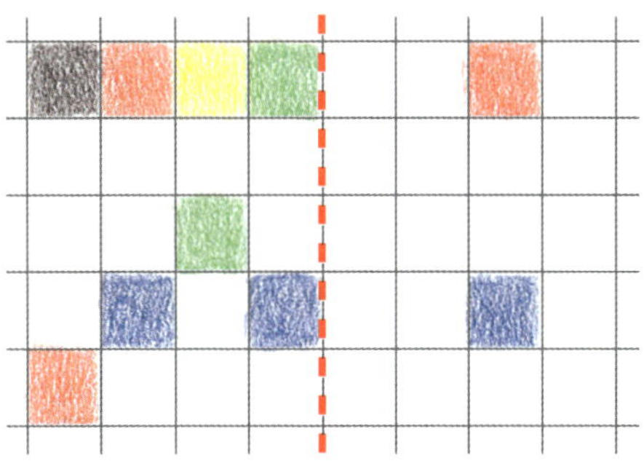

1 Lagebeziehungen (rechts – links; oben – unten; vorne – hinten) beim Bild und Spiegelbild thematisieren; Fehler finden und markieren **2** Richtiges Spiegelbild zum Bild links ankreuzen; herausfinden, warum die anderen Bilder keine Spiegelbilder sind **3** Spiegelbilder zu den Mustern durch Anmalen vervollständigen

Vorbereitung des Zehnerübergangs

4
2 + ___

4
4 + ___

4
0 +
1 +
2 +
3 +
+ 0

7
+ 0
+ 1
+ 2
+
+
+
+
0 + 7

8
8 + 0
7 +
+ 2
+ 3
4 +
3 +
+ 6
+
0 +

10
+
+
+
+
+
+
+
+
+
+
+

4 + 4 = ___

6 = ___ + ___

die Hälfte	Zahl	das Doppelte
	4	
	2	
	6	
	1	
	5	
	3	

Stationen gegebenenfalls im Klassenzimmer nachstellen; Station 2: in der Spalte „die Hälfte“ bei ungeraden Zahlen einen Strich eintragen

Male.

3. Station: Schnelles Rechnen

⚄	⚁	⚀	⚃	⚂	
6	4	3	7	5	8

+	⚀	⚁	⚂	⚃	⚄	⚅
⚀	2					
⚁	3					
⚂						
⚃						
⚄						
⚅						

1 + 1	2 + 1	7 + 2
2 + 2	3 + 2	6 + 3
3 + 3	4 + 3	5 + 4
4 + 4	5 + 4	

Immer 10.

4. Station: Rund um die 10

10 + 9 = ___
10 + 1 = ___
10 + 7 = ___

8 + ___ = 10
6 + ___ = 10
2 + ___ = 10

10 – 4 = ___
10 – 3 = ___
10 – 7 = ___

19 – ___ = 10
17 – ___ = 10
15 – ___ = 10

Stationen gegebenenfalls im Klassenzimmer nachspielen; 4. Station: mit Zahlenkarten unterschiedliche Aufgaben mit der Summe 10 legen und schreiben; Minusaufgaben rund um die 10 lösen

Addieren auf unterschiedliche Weise

1

6 + 7 = ___ 6 + 7 = ___

2 Wie rechnen Anne, Rico und Lena? Lege die Aufgaben und male.

8 + 5 = ___

8 + 9 = ___

7 + 5 = ___

7 + 8 = ___

3 Wie rechnest du?

9 + 6 = ___ 6 + 6 = ___ 7 + 4 = ___ 6 + 5 = ___

Über das Bild sprechen, Situation nachspielen; wohin könnten sich die Kinder setzen? Annes, Ricos und Lenas Rechenwege erklären und nachlegen

1 Lege und rechne wie Rico.

8 + 7

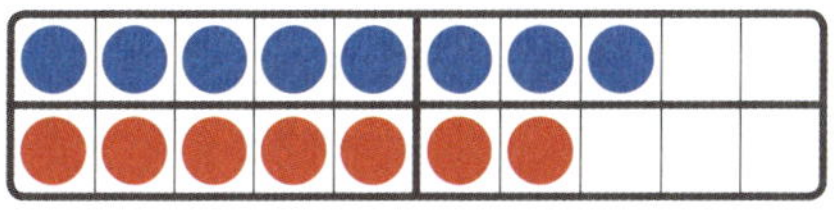

8 + 7 = 15

5 + 6 = ___	7 + 8 = ___	6 + 7 = ___	9 + 8 = ___
7 + 6 = ___	8 + 9 = ___	6 + 5 = ___	9 + 9 = ___

2 Lege und rechne wie Anne.

8 + 4

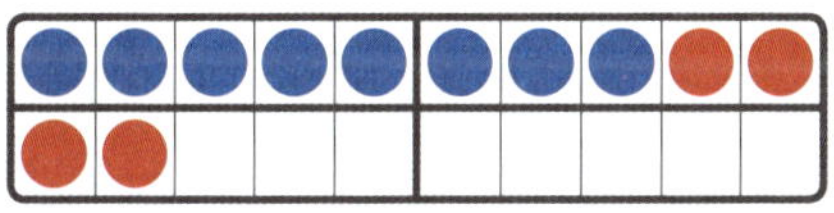

8 + 4 = 12

8 + 3 = ___	9 + 2 = ___	9 + 4 = ___	8 + 5 = ___
7 + 4 = ___	9 + 3 = ___	7 + 5 = ___	9 + 5 = ___

3 Lege und rechne wie Lena.

5 + 8

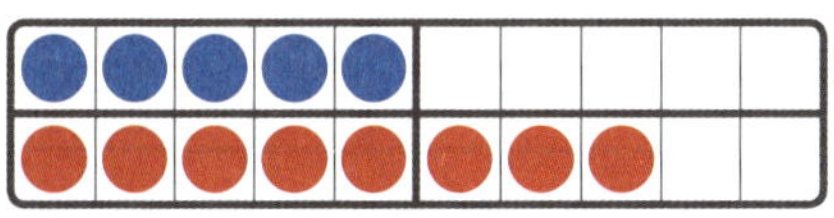

5 + 8 = 13

5 + 7 = ___	8 + 5 = ___	7 + 5 = ___	6 + 7 = ___
5 + 6 = ___	6 + 5 = ___	5 + 8 = ___	7 + 8 = ___

4 Wie rechnest du?

7 + 7 = ___	8 + 7 = ___	9 + 8 = ___	6 + 8 = ___

Übungen zur Addition

1

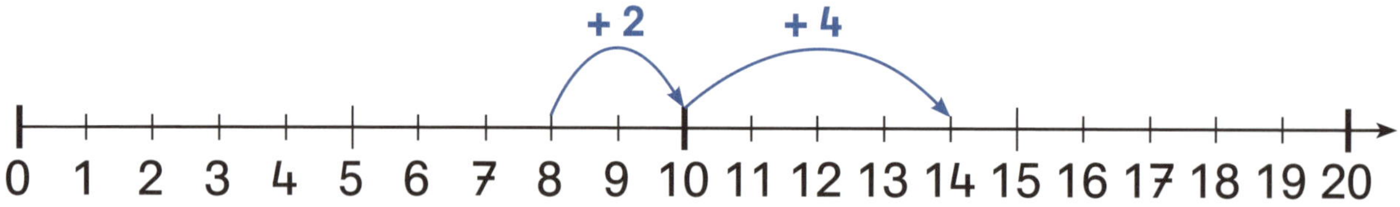

8 + 6 = ☐

7 + 4 = ☐

9 + 7 = ☐

2

8 + 2 = ___	6 + 4 = ___	5 + 5 = ___	7 + 3 = ___
8 + 3 = ___	6 + 6 = ___	5 + 7 = ___	8 + 4 = ___
8 + 4 = ___	6 + 8 = ___	5 + 9 = ___	9 + 5 = ___
8 + 5 = ___	6 + 10 = ___	5 + 11 = ___	10 + 6 = ___

3 Rechne und male.

7 + 6 | 5 + 6 | 8 + 4 | 7 + 5 | 8 + 3 | 8 + 5

6 + 6 | 4 + 8 | 4 + 9 | 6 + 7 | 7 + 4 | 6 + 5

9 + 2 | 11 + 2 | 9 + 3 | 3 + 9 | 2 + 11 | 2 + 9

4 Bilde Aufgaben zu .

5

+	2	3	4
9			
8			
7			

+	3	4	5
7			
6			
5			

+	3	4	10
6			
8			
10			

1 Zur Lösung der Aufgaben den Zahlenstrahl nutzen **3** Aufgaben in der Farbe der Ergebniszahl anmalen

1

7 + 6 = ___ 8 + 7 = ___
7 + 7 = ___
6 + 7 = ___ 7 + 8 = ___

__ + __ = ___ __ + __ = ___
8 + 8 = ___
__ + __ = ___ __ + __ = ___

2

5 + 5 = ___	7 + 7 = ___	5 + 7 = ___	9 + 5 = ___
7 + 5 = ___	9 + 7 = ___	6 + 8 = ___	7 + 7 = ___
6 + 6 = ___	8 + 8 = ___	8 + 10 = ___	5 + 9 = ___
8 + 6 = ___	10 + 8 = ___	7 + 9 = ___	3 + 11 = ___

3 Wie rechnest du?

7 + 9 = ___	9 + 9 = ___	3 + 9 = ___
8 + 9 = ___	6 + 9 = ___	9 + 2 = ___
5 + 9 = ___	4 + 9 = ___	9 + 5 = ___
4 + 9 = ___	9 + 7 = ___	0 + 9 = ___

Merke

1 Zuerst die Verdopplungsaufgabe lösen, dann auf die Nachbaraufgabe schließen

Subtrahieren auf unterschiedliche Weise

1

13 – 7 = __

13 – 7 = __

2 Wie rechnen Anne und Rico? Lege die Aufgaben und male.

12 – 4 = __

14 – 7 = __

11 – 5 = __

14 – 6 = __

3 Wie rechnest du?

12 – 6 = __   13 – 6 = __   14 – 8 = __   15 – 6 = __

1, **2** Über das Bild sprechen, Situation nachspielen; wo könnten die Kinder gesessen haben? Annes und Ricos Rechenwege nachlegen und erklären **3** Eigene Rechenwege erklären

1 Lege und rechne wie Rico.

14 – 5

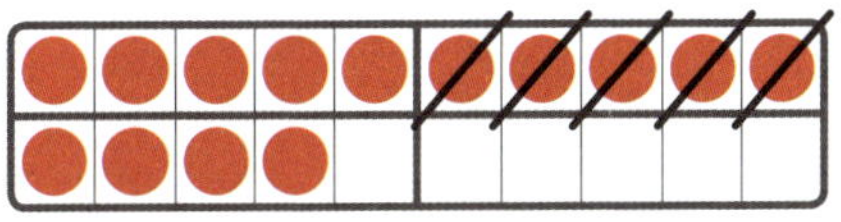

14 - 5 = 9

12 – 5 = __ 13 – 5 = __ 11 – 6 = __ 11 – 7 = __

2 Lege und rechne wie Anne.

12 – 3

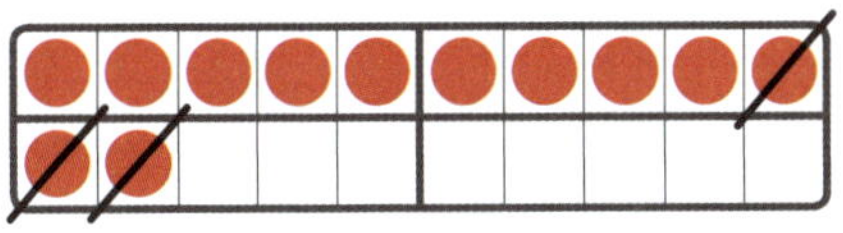

12 - 3 = 9

12 – 4 = __	11 – 4 = __	10 – 6 = __	11 – 7 = __
12 – 5 = __	12 – 4 = __	12 – 6 = __	13 – 7 = __
12 – 6 = __	13 – 4 = __	14 – 6 = __	15 – 7 = __
12 – 7 = __	14 – 4 = __	16 – 6 = __	17 – 7 = __

3 Überlege und rechne wie Lena.

12 – 6

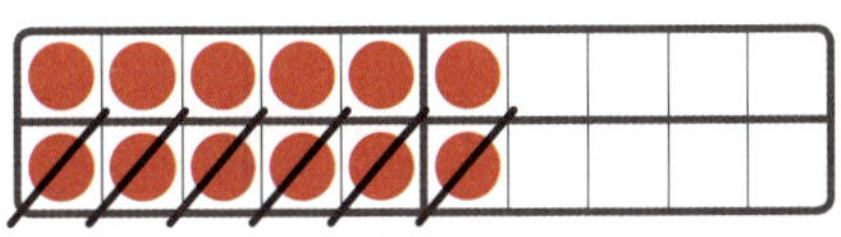

12 - 6 = 6

14 – 7 = __ 16 – 8 = __ 18 – 9 = __ 20 – 10 = __

1 Geschicktes Legen und Wegnehmen unter Ausnutzung der „5“

Übungen zur Subtraktion

1

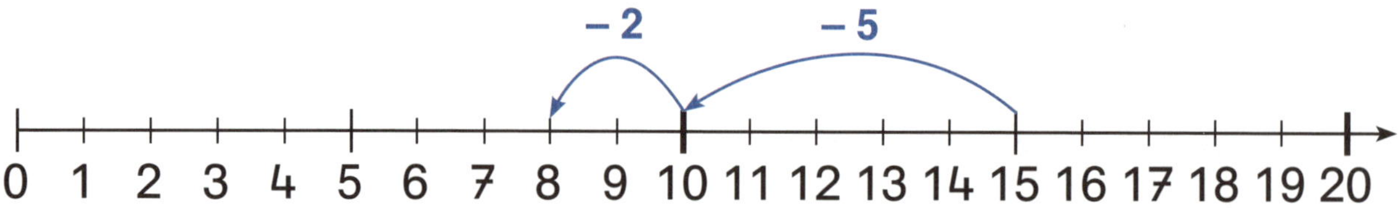

15	-	7	=	
13	-	6	=	
17	-	9	=	

2

12 – 2 = ___	11 – 1 = ___	13 – 4 = ___	14 – 8 = ___
12 – 3 = ___	11 – 3 = ___	14 – 5 = ___	14 – 6 = ___
12 – 4 = ___	11 – 5 = ___	15 – 6 = ___	14 – 4 = ___
12 – 5 = ___	11 – 7 = ___	16 – 7 = ___	14 – 2 = ___

3 Rechne und male.

18 – 9	12 – 3	16 – 9	13 – 5	12 – 5	11 – 4
16 – 8	17 – 9	15 – 7	13 – 4	17 – 8	12 – 4
14 – 7	15 – 8	19 – 10	17 – 10	18 – 10	14 – 5

4 Bilde Aufgaben zu .

5

–	2	3	4
11			
12			
13			

–	4	5	6
13			
14			
15			

–	6	10	9
15			
14			
12			

1 Zur Lösung der Aufgaben auch Zahlenstrahl nutzen **3** Aufgaben in der Farbe der Ergebniszahl anmalen

1

14 – 6 = __   15 – __ = __
14 – 7 = __
13 – 7 = __   14 – 8 = __

__ – __ = __   __ – __ = __
16 – 8 = __
__ – __ = __   __ – __ = __

2

15 – 6 = __	16 – 7 = __	17 – 10 = __	18 – 10 = __
15 – 7 = __	16 – 8 = __	17 – 8 = __	18 – 9 = __
15 – 8 = __	16 – 9 = __	17 – 9 = __	18 – 7 = __

3

13 – 6	11 – 2	12 – 6	12 – 5	11 – 4
14 – 6	12 – 3	13 – 7	14 – 6	13 – 6
15 – 6	13 – 4	14 – 8	16 – 7	15 – 8

4 Wie rechnest du?

17 – 9 = __
16 – 9 = __

15 – 9 = __	13 – 9 = __
14 – 9 = __	20 – 9 = __

Merke

1 Zuerst die Halbierungsaufgabe lösen, dann auf die Nachbaraufgabe schließen **3** Aufgabenreihen im Heft lösen und fortsetzen

Gerade und ungerade Zahlen

1

2 Lege wie Lexi und male.

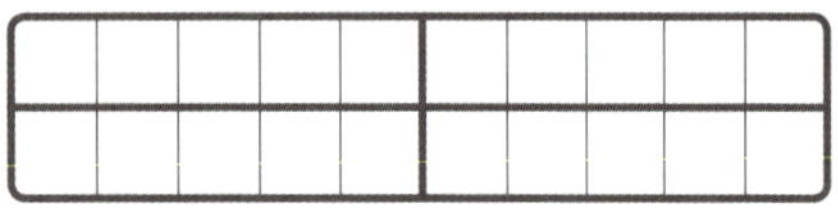

14

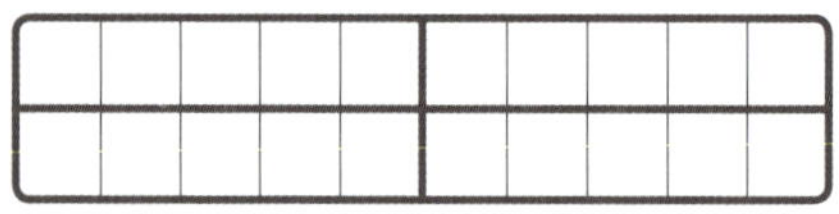

17

3

die **Hälfte**	-	1						4		5		
die **Zahl**	1	2	3	4	5		7					
das **Doppelte**	2					12			18			

Merke

gerade Zahlen: 2, 4, 6, 8, 10, 12, ...
ungerade Zahlen: 1, 3, 5, 7, 9, 11, ...

Gerade Zahlen kann man halbieren.

4 Färbe die geraden Zahlen rot, die ungeraden Zahlen grün.

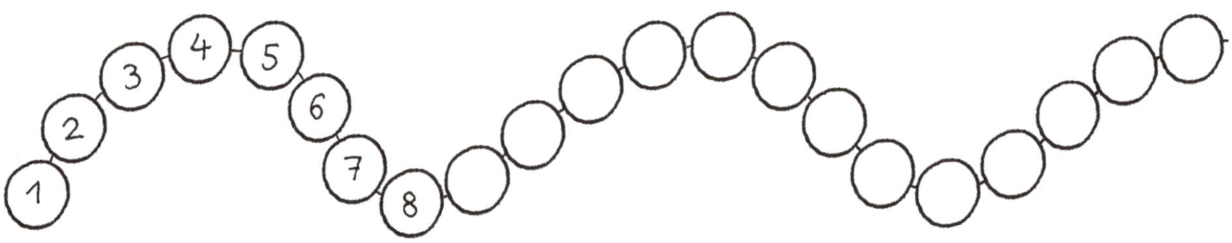

1 Nachspielen; dokumentieren über Legen ins 20er-Feld; feststellen, welche Zahlen man halbieren kann
3 Die Aufgabe kann auch mit dem Spiegel und Plättchen nachgestellt werden; zum Halbieren Stift zwischen die gelegten 2er-Reihen legen

Aufgabenfamilien

1

11 5 6

5 + 6 = ___
6 + 5 = ___
11 – 6 = ___
11 – 5 = ___

2

14 6 8

6 + 8 = ___
___ + ___ = ___
14 – 8 = ___
___ – ___ = ___

3

12 3 9

___ + ___ = ___
___ + ___ = ___
___ – ___ = ___
___ – ___ = ___

7 13 6

4

◯ 5 7

5 + 7 = ___

15 ◯ ◯

5

6 6 12

9 9 18

◯ ◯ ◯

6 Wie viele Aufgaben findest du?

8 5 3 13

7 8 1 15

14 8 6 2

◯ ◯ ◯ ◯

Übungen zur Addition und Subtraktion

1, 2 Neues Aufgabenformat zunächst durch Legen mit Plättchen und Zahlenkarten verstehen lernen
3 Aufgabe durch Probieren lösen

1
5
4 7
6
5 8
14
5
6
13
2
8 3
5 9
6 7
9 6
5 4
7 8
16
8
5 6
7
11
3
5
12
6
8
9
13
15
7
16

Rechnen mit 3 Zahlen

1 3 Würfel ergeben die Augenzahl 10. Kreise ein.

2 Rechne geschickt.

6 + ___ + ___ = ___ ______________ ______________ ______________

3

8 + 2 + 5 = ___	4 + 4 + 3 = ___	5 + 3 + 4 = ___
5 + 9 + 5 = ___	8 + 3 + 8 = ___	6 + 7 + 1 = ___
8 + 3 + 7 = ___	5 + 7 + 5 = ___	4 + 5 + 7 = ___
9 + 7 + 1 = ___	5 + 7 + 7 = ___	4 + 4 + 4 = ___
4 + 6 + 7 = ___	9 + 2 + 9 = ___	1 + 6 + 5 = ___

4 Rechne und male.

8 + 8 + 2	8 + 2 + 7	4 + 4 + 8	9 + 8 + 1
5 + 5 + 6	8 + 2 + 6	4 + 6 + 7	7 + 7 + 3
10 + 5 + 2	7 + 8 + 3	6 + 6 + 6	9 + 5 + 2

5 Bilde Aufgaben zu .

6

5 + ___ + 5 = 16	___ + 2 + 5 = 12	5 + 3 + ___ = 14
3 + 5 + ___ = 15	7 + 4 + ___ = 18	6 + ___ + 1 = 15
___ + 8 + 7 = 17	6 + ___ + 6 = 17	4 + 5 + ___ = 17
8 + 6 + ___ = 18	___ + 0 + 8 = 16	3 + ___ + 4 = 12
9 + ___ + 1 = 19	9 + 1 + ___ = 19	2 + 6 + ___ = 18

Rechnen mit 3 und mehr Zahlen

1 Rechne geschickt.

12 − 4 − 2 = ___
14 − 4 − 3 = ___
16 − 2 − 6 = ___
18 − 3 − 8 = ___

12 − 2 − 4 = ___

11 − 1 − 5 = ___
13 − 6 − 3 = ___
15 − 2 − 5 = ___
17 − 7 − 4 = ___

2 Rechne und male.

18 − 8 − 5 | 12 − 4 − 2 | 17 − 7 − 3 | 16 − 8 − 3
13 − 3 − 4 | 12 − 5 − 2 | 15 − 5 − 5 | 15 − 4 − 5
16 − 8 − 1 | 15 − 3 − 5 | 18 − 9 − 3 | 18 − 9 − 2

3 Bilde Aufgaben zu .

4

5 + 4 + 5 + 6 = ___
6 + 3 + 4 + 6 = ___
7 + 5 + 3 + 3 = ___
8 + 4 + 3 + 2 = ___

16 − 6 − 2 − 3 = ___
15 − 2 − 3 − 5 = ___
14 − 7 − 1 − 2 = ___
13 − 2 − 4 − 3 = ___

5 Immer 15.

8 + 2 + 3 + ___ = 15
10 − 3 + 4 + ___ = 15
20 − ___ + ___ − ___ = 15
______________ = 15

6 Immer 7.

15 − 3 − 2 − ___ = 7
17 − ___ + ___ − ___ = 7
20 − ___ − ___ + ___ = 7
______________ = 7

7

7 Rechenschlange – Fehlendes ergänzen

Zahlenmauern

1

2

3

4

5

1 bis **5** Fehlende Zahlen berechnen und ergänzen **3** bis **5** Evtl. zuerst mit den Zahlenkarten legen, dann erst notieren

Knobelseite

1 Welcher Weg führt zur Schule?

2 Du siehst die Würfel von oben. Welches Würfelbild liegt unten? Male.

3 Tiere raten.

So alt werden Tiere ungefähr:

Hamster	2 Jahre
Finken	5 Jahre
Hasen	8 Jahre
große Hunde	8 Jahre
Frösche	11 Jahre
kleine Hunde	13 Jahre
Papageien	25 Jahre
Kamele	40 Jahre

4 Wie viele Quadrate siehst du jeweils?

1 Weg einzeichnen **2** Punktemuster ergänzen; Auffälligkeit beschreiben **3** Tabelle eignet sich zum weiteren „Tiereraten" **4** Erkennen auch der überlagerten Flächen

Ungleichungen

1

Wie viele Stifte können es sein? Trage ein.

7 + __ < 12
7 + __ < 12
7 + __ < 12
7 + __ < 12
7 + __ < 12

12 > 7 + __
12 > 7 + __
12 > 7 + __
12 > 7 + __
12 > 7 + __

2 Lege und probiere.

3 + ☐ < 12
☐ + 7 < 11

18 > ☐ + 15
5 < 13 − ☐

11 − ☐ > 6
14 < 6 + ☐

3

8 + __ < 15	__ + 9 < 17	13 > 6 + __	12 − __ < 7	14 < 20 − __
8 + __ < 15	__ + 9 < 17	13 > __ + 6	12 − __ < 7	14 < 20 − __
8 + __ < 15	__ + 9 < 17	13 > 6 + __	12 − __ < 7	14 < 20 − __

4 Welche Zahlen passen?

13 > 7 + __ 15 > __ + 9 8 > 14 − __ 14 − 11 = __
__ < 12 + 3 19 > 9 + __ 6 > __ − 10 __ < 12 − 9

1 Situation nachspielen, alle Lösungen finden und eintragen **2** bis **4** Mehrere Lösungen finden; zur Differenzierung in Aufgabe 4 die Anzahl der jeweils möglichen Lösungen bestimmen

1 Was ist richtig? ☒

7 + 4 > 10	
8 + 6 = 15	
16 – 7 < 10	
9 + 8 < 20	X
20 – 9 > 10	
6 + 7 < 12	
9 + 8 = 17	
12 + 12 < 20	
7 + 6 > 12	
8 + 7 = 15	

2 Vergleiche <, > oder =?

5 + 4 ◯ 10	8 + 6 ◯ 12	20 – 5 ◯ 14	12 – 4 ◯ 5
5 + 5 ◯ 10	8 + 5 ◯ 12	19 – 5 ◯ 14	13 – 6 ◯ 5
5 + 6 ◯ 10	8 + 4 ◯ 12	18 – 5 ◯ 14	14 – 8 ◯ 5
5 + 7 ◯ 10	8 + 3 ◯ 12	17 – 5 ◯ 14	15 – 10 ◯ 5

3

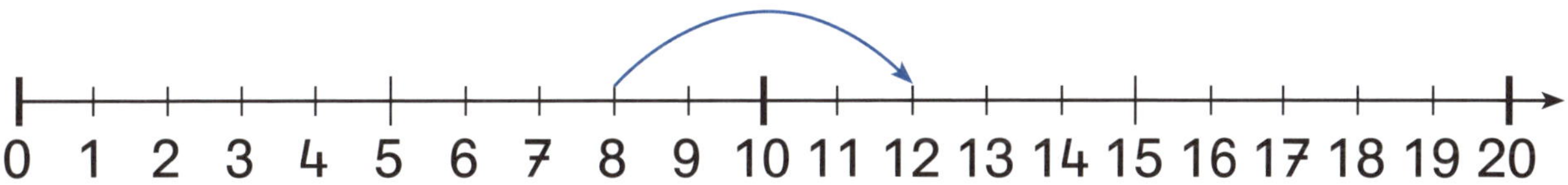

8 + __ = 12	10 + __ = 16	11 + __ = 15	7 + __ = 15
9 + __ = 14	11 + __ = 18	9 + __ = 15	5 + __ = 15

4

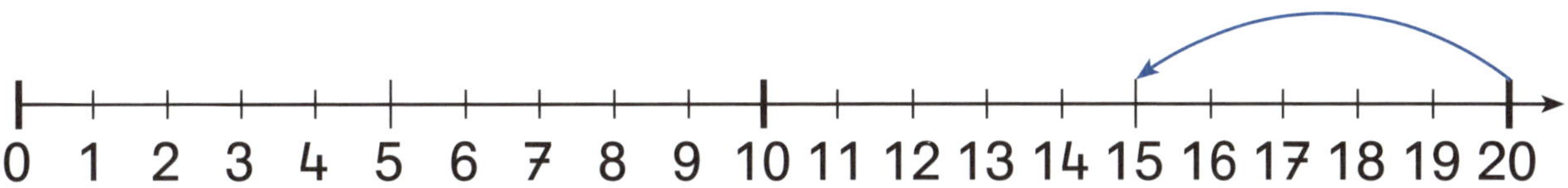

20 – __ = 15	20 – __ = 11	19 – __ = 9	15 – __ = 9
20 – __ = 13	20 – __ = 9	17 – __ = 9	13 – __ = 9

5 Wie rechnest du?

20 – 18 = __	15 – 13 = __	12 – 9 = __
20 – 17 = __	17 – 13 = __	14 – 11 = __
20 – 16 = __	19 – 13 = __	16 – 13 = __
20 – 15 = __	21 – 13 = __	18 – 15 = __

Magische Dreiecke

1

2

3

4

6 Betrachte alle Eckzahlen und Innenzahlen. Was fällt dir auf?

1 bis **3** Mit Zahlenkärtchen lösen **4** Durch Ergänzen lösen; Zahlenkärtchen können verwendet werden
5 Durch Probieren und Überlegen mit Hilfe von Zahlenkärtchen lösen

Übungen zur Addition

Zahlenmauern durch Addieren oder Ergänzen lösen; Aufgaben steigern sich im Schwierigkeitsgrad von unten nach oben; zur Lösung möglicherweise Zahlenkärtchen verwenden; erkennen und begründen, warum sich bei den vier obersten Zahlenmauern je zweimal die Zielzahl verändert bzw. nicht verändert

Sachrechnen

1

Die Kinder machen einen Ausflug.

___ Kinder sind schon im Bus.
___ Kinder steigen noch ein.

Wie viele Kinder fahren mit?

___

Es fahren ___ Kinder mit.

2

Sie besuchen einen Wildpark.
Im Gehege sind

___ 

___ 

___ 

Wie viele Tiere sind es zusammen?

___

Zusammen sind es ___ Tiere.

3

Alle 13 Kinder spielen.
___ Kinder spielen im Sand.
Die anderen spielen Verstecken.

Wie viele Kinder haben sich versteckt?

___

___ Kinder haben sich versteckt.

1 bis **3** Zu den Bildern Geschichten erzählen; Aufgaben lösen und Lückentexte vervollständigen

(4)

In einem anderen Gehege sind
15 Tiere: Hühner und Gänse.
Es sind 9 Hühner.

Wie viele Gänse sind im
Gehege?

Es sind ___ Gänse im Gehege.

(5)

Die 13 Kinder kommen zurück.

___ Kinder werden abgeholt.

Wie viele Kinder warten noch?
Rechne und male die Kinder
ins Bild.

___ Kinder warten noch.

(6)

Tiere im Zoo.
Male, schreibe und rechne.

6 Zum Thema Zoo selbst eine Rechengeschichte erfinden; diese Geschichte malen, aufschreiben und ausrechnen

Sachrechnen (Geld)

1 Alex hat

Er kauft:

Er hat noch __ €.

Kim hat

Sie kauft:

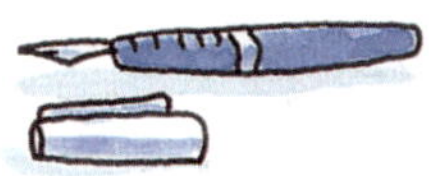

Sie hat noch __ €.

Pascal hat

Er kauft:

Er hat noch __ €.

2 Sina hat 12 €.
Sie kauft:

Sie hat __ € übrig.

Luis hat 20 €.
Er kauft:

Er hat __ € übrig.

Kira hat 11 €.
Sie kauft:

Sie hat __ € übrig.

3

Tim hat ___ €.

Er kauft ein Spiel für ___ €

und ein Buch für ___ €.

Er hat noch ___ €.

Situation und weitere Beispiele nachspielen; Restbetrag berechnen; Kaufsumme und Restbetrag berechnen
3 Frage, Rechnung und Antwort notieren

Wiederholung

?!

1

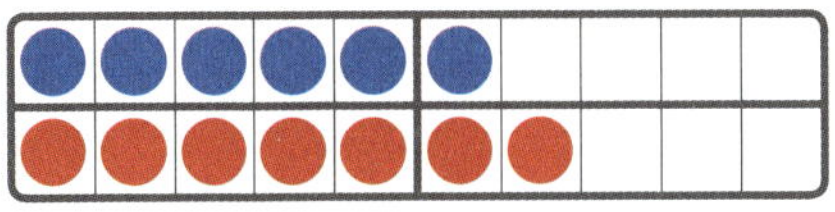

___ + ___ = ___

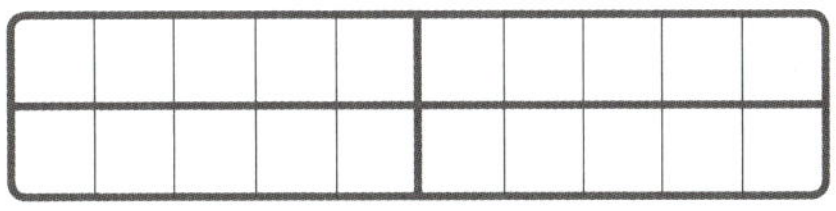

8 + 8 = ___

2

5 + 5 = ___
5 + 6 = ___
5 + 7 = ___
5 + 8 = ___

10 + 8 = ___
9 + 8 = ___
8 + 8 = ___
7 + 8 = ___

12 – 6 = ___
12 – 7 = ___
12 – 8 = ___
12 – 9 = ___

14 – 10 = ___
14 – 9 = ___
14 – 8 = ___
14 – 7 = ___

3

4 8 12

8 + 4 = ___
4 + ___ = ___
___ – ___ = ___
___ – ___ = ___

13 6 7

___
___
___
___

4

8 9 17 1

___ ___
___ ___
___ ___
___ ___

5

+	10	9	8
6			
9			

–	10	9	8
13			
16			

+	6	7	8
5			
7			

6

5 + ___ + ___ = ___

___

___

___

7

7 + 3 + 5 = ___
6 + 2 + 4 = ___
4 + 5 + 5 = ___
8 + 2 + 6 = ___

12 – 2 – 7 = ___
15 – 8 – 5 = ___
20 – 6 – 10 = ___
14 – 6 – 4 = ___

6 + 6 + ___ = 20
7 + 7 + ___ = 20
8 + 8 + ___ = 20
9 + 9 + ___ = 20

1 Fehlendes ergänzen **3, 4** Aufgabenfamilien bilden

Linien, Strecken und Punkte

1

2

1 Bild beschreiben, Linien in der Umwelt suchen **2** Linien im Punktgitter fortsetzen und eigene Linien zeichnen

1 Lege Linien wie Lexi.

2 Zeichne gerade Linien immer durch 2 Punkte.

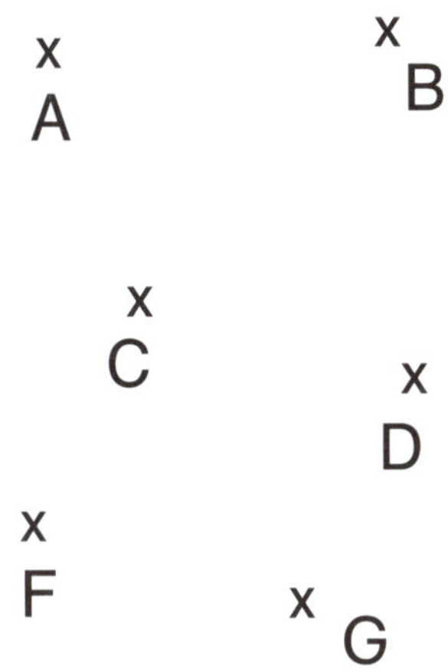

Merke

x D x F

Das sind Punkte D und F.

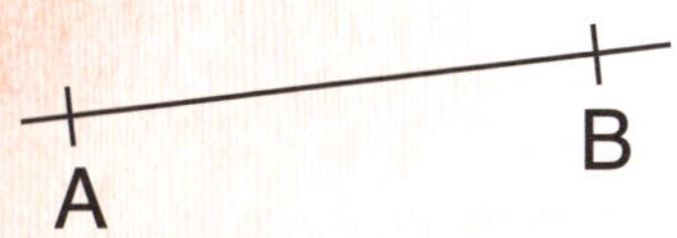

Das ist eine Strecke $\overline{AB}$.

3 Vergleiche die Länge der Strecken.

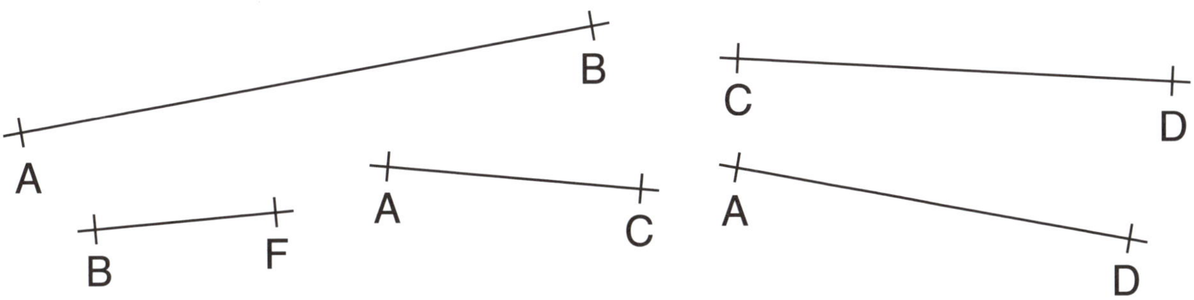

Längste Strecke: ______ Kürzeste Strecke: ______

1 Linien mit Schnüren legen **2** Strecken zeichnen **3** Streckenlängen vergleichen mit Papierstreifen oder Bindfaden

Längen schätzen und messen

1 Wie viele Schritte?

Schritt

Schulhof	
geschätzt	gemessen

Klassenraum	
geschätzt	gemessen

Schulflur	
geschätzt	gemessen

2 Wie viel Fuß?

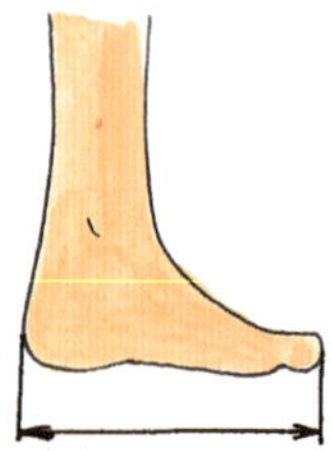

Fuß

Tafel	
geschätzt	gemessen

Schrank	
geschätzt	gemessen

Klassenraum	
geschätzt	gemessen

3 Wie viele Fingerspannen?

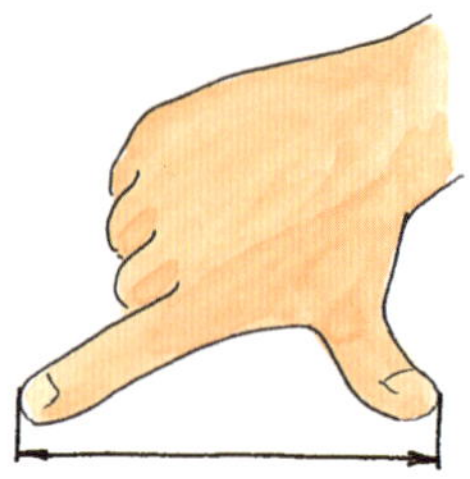

Finger-
spanne

Tisch	
geschätzt	gemessen

Fensterbank	
geschätzt	gemessen

Buch	
geschätzt	gemessen

4 Vergleicht die Ergebnisse miteinander. Was stellt ihr fest?

Längen schätzen und mit eigenen Körpermaßen messen; über unterschiedliche Ergebnisse reden

1 Miss mit einem Tafellineal. Schätze zuerst.

Breite der Tafel: ______

Breite des Klassenraumes: ______

Länge des Klassenraumes: ______

Merke

Ein Tafellineal ist einen Meter (1 m) lang.

2 Lege mit Stiften eine 1 m lange Strecke.

3

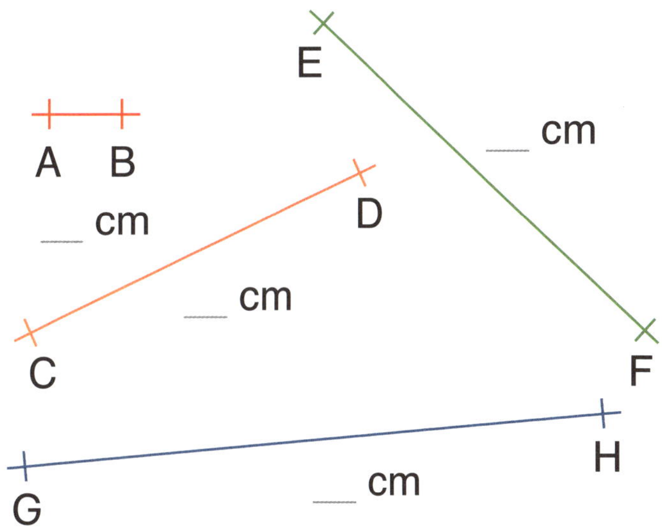

4

Merke

1 cm

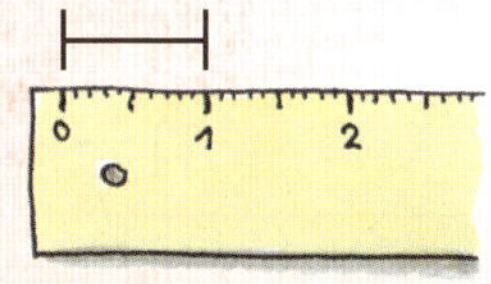

1 Zentimeter

Zeichne Strecken mit dem Lineal:
$\overline{AB} = 3$ cm; $\overline{CD} = 5$ cm; $\overline{EF} = 8$ cm

Tagesablauf und Uhrzeiten

1 Nacht — Vormittag

2

3 Uhr

__ Uhr

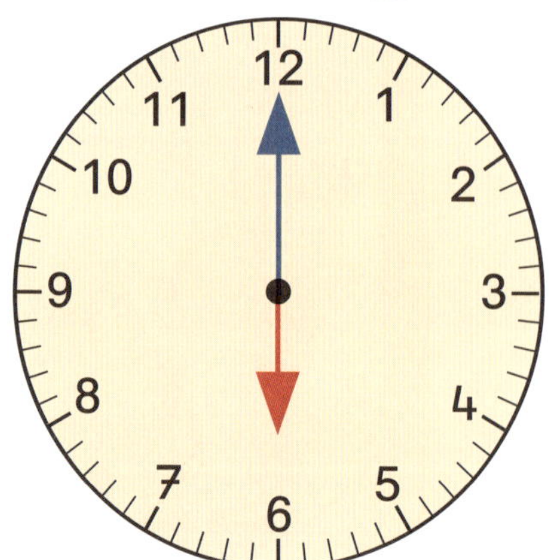

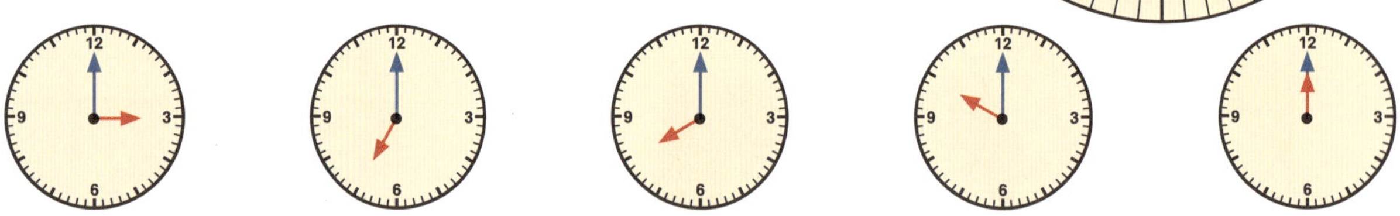

__ Uhr

__ Uhr

__ Uhr

1 Zeitpunkte und Tagesablauf von Waldtieren, Kindern, Erwachsenen beschreiben **2** Bilder mit den richtigen Uhrzeiten verbinden und Uhrzeiten eintragen

3 Nachmittag — Nacht

4

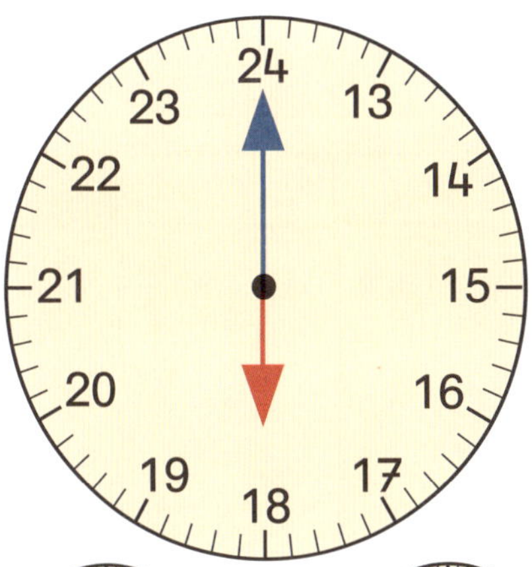

15 Uhr

___ Uhr

___ Uhr

___ Uhr

___ Uhr

3 Zeitpunkte in der zweiten Tageshälfte beschreiben **4** Uhrzeiten unter Beachtung der korrekten Schreib- und Sprechweise (13 Uhr ...) eintragen; Zeigerstellung eintragen

Kalender

1

Die Tage der Woche

Montag

Dienstag

____

Donnerstag

____

Sonnabend

Sonntag

2 Lexis Wochenkalender:

Montag	Dienstag	Mittwoch	Donnerstag	Freitag	Sonnabend	Sonntag
Theater-AG	Fußball	Mathe Test Hannah hat Geburtstag	Paul kommt	Schulfest	Zoo	Ballonfahrt mit Toto und Lola

Lexi erzählt am Donnerstag:

	Wochentag
Heute kommt Paul.	__________
Gestern schrieb ich einen Test.	__________
Vorgestern spielte ich Fußball.	__________
Morgen ist Schulfest.	__________
Übermorgen gehe ich in den Zoo.	__________
In einer Woche ist wieder	__________

1 Wochentage in ihrer Reihenfolge nennen und Lücken ausfüllen 2 Verbalisieren, was Lexi am Mittwoch (Freitag) erzählen kann oder könnte; eigenen Wochenkalender anlegen

Jahreszeiten und Monate

1

Januar Der ___ Monat des Jahres

Februar Der ___ Monat des Jahres

März Der ___ Monat des Jahres

April Der ___ Monat des Jahres

Mai Der ___ Monat des Jahres

Juni Der ___ Monat des Jahres

Juli Der ___ Monat des Jahres

August Der ___ Monat des Jahres

September Der ___ Monat des Jahres

Oktober Der ___ Monat des Jahres

November Der ___ Monat des Jahres

Dezember Der ___ Monat des Jahres

2 Was gehört zusammen?

Juni

Septem-ber

März

Dezem-ber

3 Ergänze.

Das neue Jahr beginnt mit dem Monat ______________.

Zwischen den Monaten März und Mai liegt der Monat ______________.

Der Sommer beginnt im Monat ______________.

Auf den Monat Juni folgt der ______________.

Der letzte Monat im Jahr ist der ______________.

1 Ablauf der Jahreszeiten verbalisieren und Monate zu den Jahreszeiten zuordnen **2** Zusammengehörende Bilder und Monate mit dem Lineal verbinden

Zehnerzahlen in der Umwelt

Zu den Bildern passende Zehnerzahlen eintragen

Zehnerzahlen

1 Wie viele?

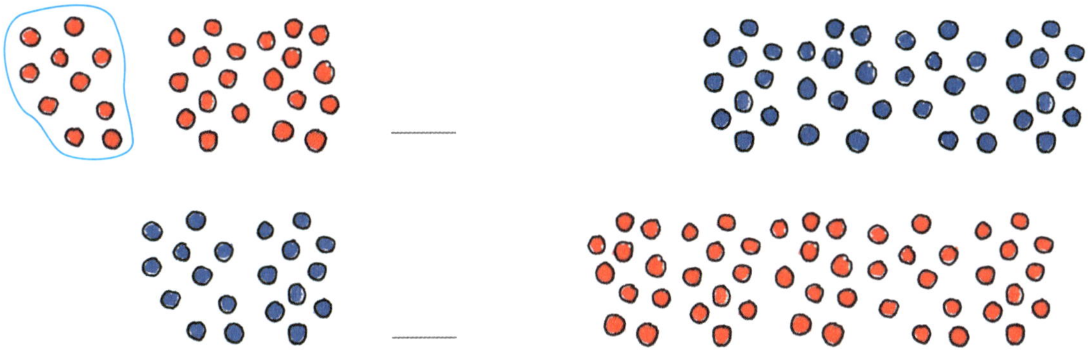

___ ___ ___ ___

2 Wie viele Punkte?

30 ___ ___ ___

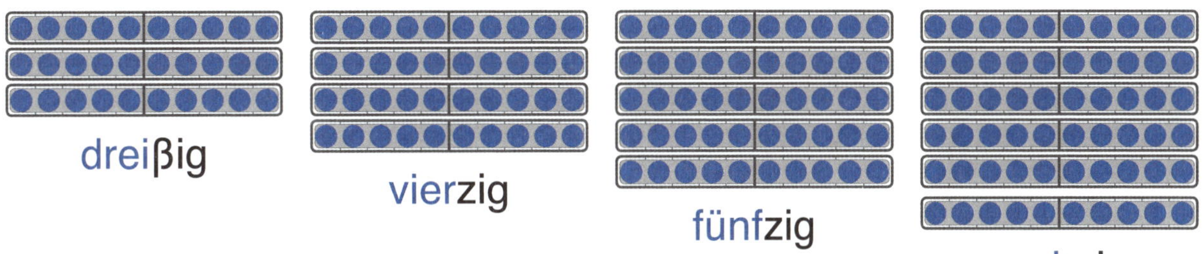

dreißig vierzig fünfzig sechzig

3

In jeder Schachtel sind ___ Kreidestücke. Es sind ___ Schachteln.
Zusammen sind es ___ Kreidestücke.

Schachteln					
Stücke	10				

Schachteln				
Stücke				

4 10, ___, ___, ___, 50, ___, ___, ___, ___, 100

1 Jeweils Zehner bündeln

Zehnerzahlen vergleichen und ordnen

1

3 ◯ 5

30 ◯ 50

2 ◯ 4	6 ◯ 8	9 ◯ 7	5 ◯ 10	8 ◯ 3
20 ◯ 40	60 ◯ 80	90 ◯ 70	50 ◯ 100	80 ◯ 30

2 Vergleiche und setze <, > oder = ein.

10 ◯ 20	100 ◯ 10	70 ◯ 40	40 ◯ 40
20 ◯ 30	90 ◯ 80	80 ◯ 60	90 ◯ 60
30 ◯ 40	0 ◯ 10	50 ◯ 20	30 ◯ 80
40 ◯ 50	50 ◯ 50	0 ◯ 100	0 ◯ 0

3

20   100   70   10   80   40   60   ~~0~~

0, ___, ___, ___, ___, ___, ___, ___

4 Ordne die Zehnerzahlen zu.

0 ___ ___ ___ ___ ___ ___ ___ ___ ___ 100

5 20, 40, ___, ___, ___

6 90, 70, ___, ___, ___

1 Aufgaben nachlegen, Zahlen vergleichen **3** Zahlen der Größe nach ordnen, mit der kleinsten beginnen
4 Zehnerzahlen am Zahlenstrahl eintragen **5**, **6** Zahlenfolgen fortsetzen

Rechnen mit Zehnerzahlen

1 Wer hat gewonnen?

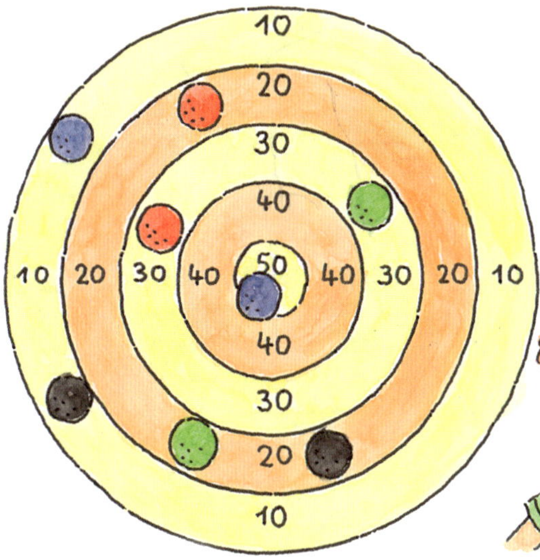

Kathrin: 30 + 20 = ___

Murat: ___ + ___ = ___

Laura: ___ + ___ = ___

Luis: ___ + ___ = ___

2 Anna erreicht: ___ + ___ = 80 Punkte

Lexi erreicht: ___ + ___ = 100 Punkte

3

3 + 1 = ___

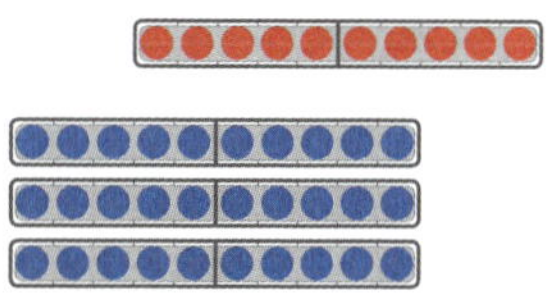

30 + 10 = ___

2 + 3 = ___
3 + 4 = ___
4 + 2 = ___

20 + 30 = ___
30 + 40 = ___
40 + 20 = ___

4

10 + 10	50 + 50	20 + 20	50 + 30	50 + 20
30 + 30	40 + 40	50 + 10	50 + 40	60 + 40

5

4 – 3 = ___

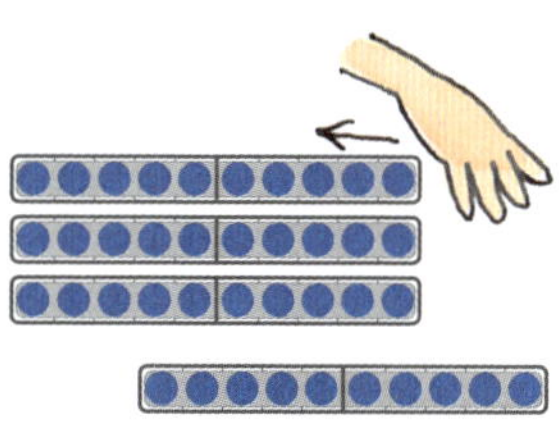

40 – 30 = ___

7 – 2 = ___
6 – 3 = ___
9 – 4 = ___

70 – 20 = ___
60 – 30 = ___
90 – 40 = ___

6

90 – 20	50 – 10	70 – 50	80 – 60	100 – 40
80 – 40	50 – 30	80 – 70	90 – 50	100 – 70

1 Rechensätze finden und Aufgaben ausrechnen **2** Passenden Rechensatz finden **3** bis **6** Analogien aus dem Zahlenraum bis 10 für das Addieren und Subtrahieren von Zehnerzahlen nutzen; alle Aufgaben können mit Plättchen und 10er-Streifen gelegt werden

Rechnen mit Zehnerzahlen

1 Rechne und male.

100 – 30 | 90 – 20 | 60 + 20

30 + 40 | 50 + 20

60 + 10 | 50 + 30 | 100 – 20 | 40 + 40

90 – 10 | 90 – 0 | 40 + 50 | 100 – 10

80 + 10 | 70 + 20

2 Bilde Aufgaben zu 

.

3

40 + ___ = 90	___ + 30 = 80	70 – ___ = 10	___ – 20 = 60
60 + ___ = 90	___ + 70 = 80	60 – ___ = 20	___ – 20 = 70
80 + ___ = 90	___ + 40 = 80	50 – ___ = 30	___ – 20 = 80

4

+	20	30	40	10
40				
50				
60				

–	50	20	30	10
100				
90				
80				

5

10 + 20 + 30 = ___	50 + 10 + 20 = ___	30 + 30 + 30 = ___
30 + 40 + 10 = ___	60 + 30 + 10 = ___	70 + 0 + 20 = ___
20 + 20 + 20 = ___	40 + 40 + 10 = ___	20 + 60 + 20 = ___

6

100 – 20 – 20 = ___	50 – 30 – 10 = ___	30 – 0 – 10 = ___
80 – 0 – 50 = ___	70 – 40 – 20 = ___	40 – 20 – 0 = ___
60 – 40 – 20 = ___	90 – 30 – 30 = ___	50 – 20 – 10 = ___

7

50 + 20 – 10 = ___	100 – 50 + 20 = ___	70 + 20 – 40 = ___
60 – 30 + 20 = ___	10 + 80 – 50 = ___	80 – 50 + 20 = ___

Alle Zahlen bis 100

1 Wie viele Zehner, wie viele Einer?

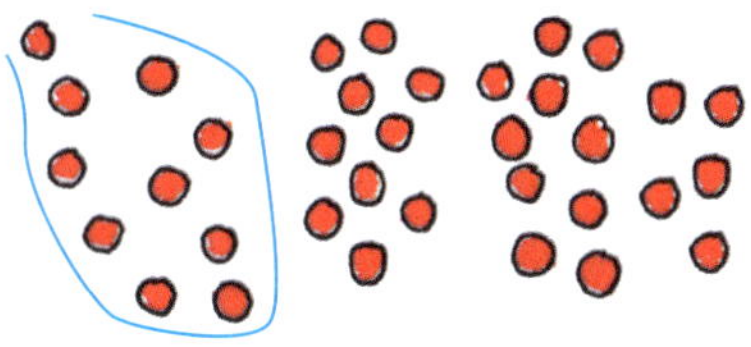

Z	E

Zahl ___

Z	E

Zahl ___

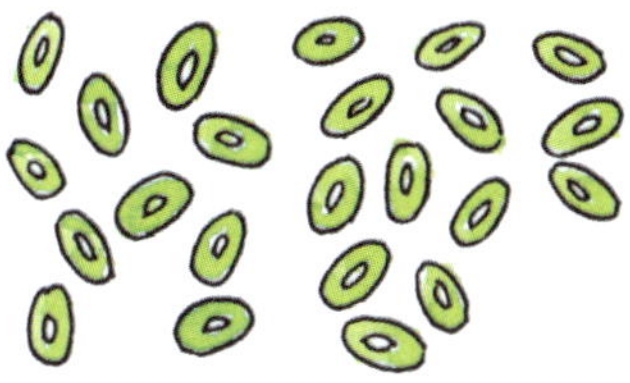

Z	E

Zahl ___

Z	E

Zahl ___

2 Welche Zahlen gehören in die farbigen Kästchen?

1	2	3	4	5	6	7	8	9	10	zehn
11				15					20	zwanzig
21				25					30	dreißig
31				35					40	vierzig
41				45					50	fünfzig
51				55					60	sechzig
61				65					70	siebzig
71				75					80	achtzig
81				85					90	neunzig
91				95					100	einhundert

3 Springe auf der Hundertertafel.

a) 10, 20, 30, ..., 100 b) 6, 16, 26, ..., 96

c) 8, 18, 28, ..., 98 d) 92, 82, ..., 12, 2

4 Zähle an der Hundertertafel.

in Einerschritten: von 91 bis 100 von 25 bis 35 von 90 bis 81

in Zehnerschritten: von 7 bis 97 von 93 bis 3 von 19 bis 99

Meilenstein 2

1 Wie viele?

___ Eier

___ Würste

___ Stifte

2 Male.

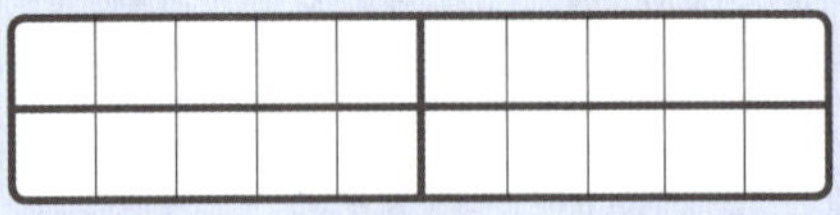

17

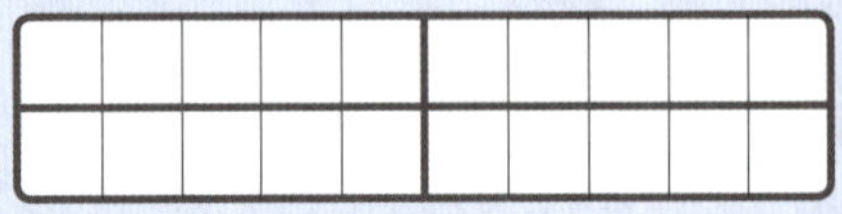

14

3  5., 10., 15., 20. 6., 16.  2., 4., 8., 12., 14., 18.

4 

0, 2, 4, ___, ___, ___, ___, ___, ___, ___, ___

21, 19, 17, ___, ___, ___, ___, ___, ___, ___, ___

5

V	Z	N
9	10	
	15	16
	20	

V	Z	N
10		
18		
	18	

V	Z	N
		12
		18
		15

6 

___ ct

___ €

7  hat: 

Er kauft: 

Er bekommt zurück: ______

1 Trage die fehlenden Zahlen ein.
Male gerade Zahlen (rot), ungerade Zahlen (grün).

1	2			5					10
11						17			

2 Vergleiche. Setze <, = oder > ein.

10 ◯ 20   9 ◯ 11   60 ◯ 20   30 ◯ 50
15 ◯ 16   13 ◯ 18   80 ◯ 90   60 ◯ 90
17 ◯ 14   19 ◯ 16   40 ◯ 70   20 ◯ 20
11 ◯ 12   15 ◯ 5   100 ◯ 10   50 ◯ 20

3 Verdopple.

4 + 4 = ___   6 + ___ = ___   5 + ___ = ___   9 + ___ = ___
8 + 8 = ___   7 + ___ = ___   10 + ___ = ___   11 + ___ = ___

4 Halbiere.

6 = ___ + ___   14 = ___ + ___   12 = ___ + ___   10 = ___ + ___
8 = ___ + ___   18 = ___ + ___   16 = ___ + ___   20 = ___ + ___

5

7 + 3 = ___   8 + 4 = ___   15 – 3 = ___   18 – 6 = ___
7 + 4 = ___   8 + 5 = ___   15 – 4 = ___   17 – 7 = ___
7 + 5 = ___   9 + 4 = ___   15 – 5 = ___   16 – 8 = ___
7 + 6 = ___   9 + 5 = ___   15 – 6 = ___   15 – 9 = ___
7 + 0 = ___   9 + 0 = ___   15 – 7 = ___   14 – 10 = ___

6

+	2	3	5	6
5	7			
7				
9				

–	4	6	8	10
10	6			
15				
17				

–	5	8	
13			9
15			
12			

Projektseite

Mathematik und Kunst

Der Künstler Hundertwasser malte 1974 sein Bild „Grass for those who cry“ (Gras für jene, die weinen).

1. Erzähle, was du zu dem Bild denkst.

2. Welche Formen siehst du?

3. Zeichne die Figuren ab. Gestalte ein Bild mit ihnen.

4. Gestalte ein Bild mit geometrischen Figuren.

4 Stempel mit dreieckiger, viereckiger, runder Stempelfläche z. B. aus Küchenschwämmen zuschneiden

1

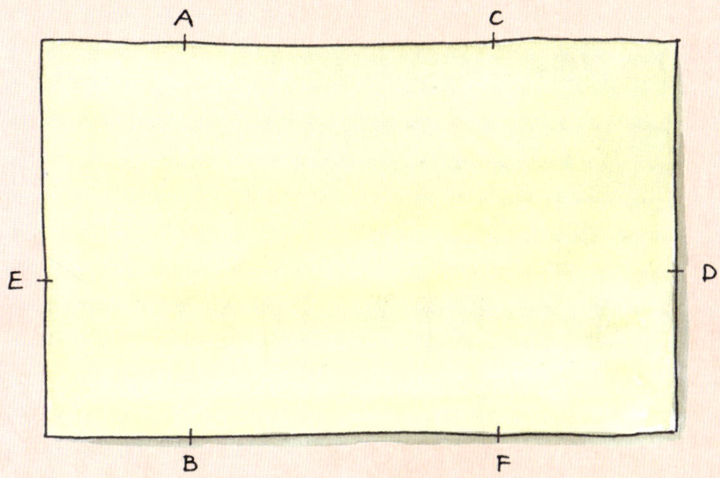

Zeichne Strecken durch die Punkte. Welche Figuren entstehen? Male aus.

2

Info

Muster –
Anfänge der Geometrie
Steinzeitliche Muster finden sich zum Beispiel auf Tongefäßen, Kleidungsstücken und Schmuck.

3 Zeichne Muster in dein Heft.

4 Ritze Muster in Knete.

Projektseite

Aus der Geschichte der Mathematik

1 Schon vor 5000 Jahren wurden im alten Orient Symbole zum Zählen benutzt.

im Orient			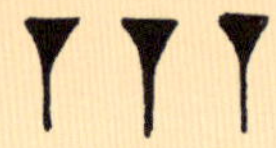		...	
unsere Zahlzeichen	1	2	3	4	...	10

Welche Zahl ist es?

 ___  ___  ___

Schreibe wie im alten Orient.

8 ________ 15 ________ 5 ________ 20 ________

2

Rechnūg auff der linihen gemacht durch Adam Risen vō Staffelstein ynn massen man es pflegt zu lern ynn allen rechenschulen gruntlich begriffen anno 1518. vleysigklich uberlesen vnd zum dritten mal ynn truck vorfertiget.

Gedruckt zu Erffurdt. durch Matthes Maler. 1 5 30.

Info

Vor etwa 500 Jahren arbeitete der Lehrer Adam Ries an seiner Rechenschule.
Rechnen war damals eine Kunst, die nur wenige beherrschten.
Adam Ries lehrte zum Beispiel Kaufleute das Rechnen auf dem Rechenbrett mit Rechenpfennigen.

3 Erkläre.

3

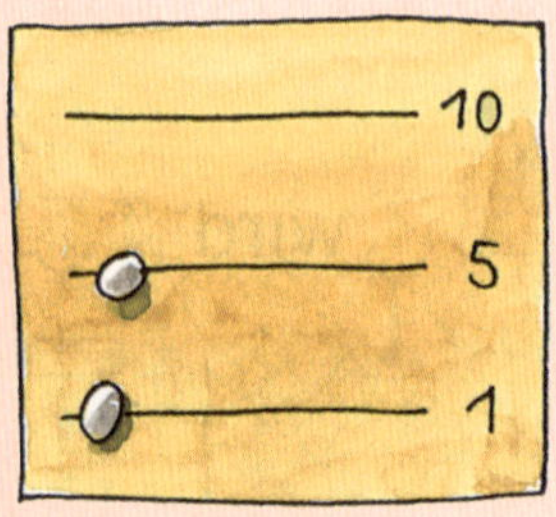

6

15

1 Die Symbole wurden mit einem hohlen Schilfhalm in Ton gedrückt. Aus dem Profil entstand die Grundform der Symbole. Die spätere Benutzung eines Griffels wandelte die Form dann zu der hier zu sehenden ab.

1 Welche Zahlen sind dargestellt?

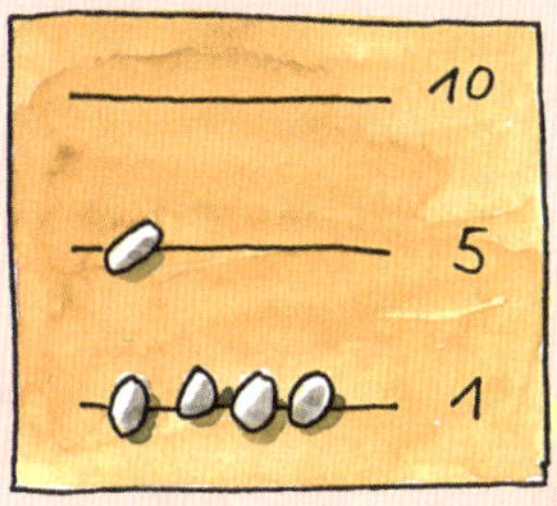

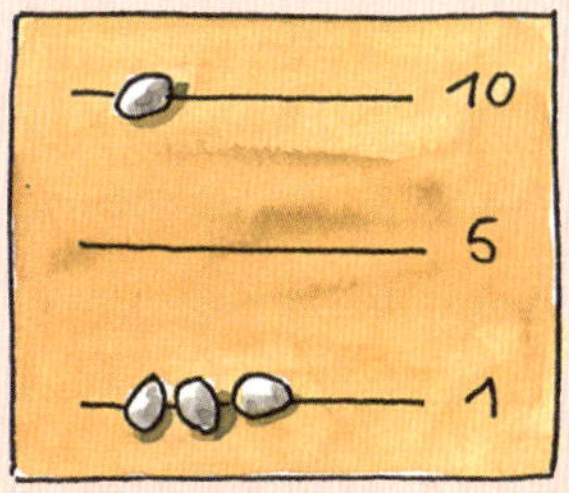

___ ___ ___

2 Zeichne ein Rechenbrett und lege die Zahlen 4, 5, 8, 12, 15 und 19.

3 Lege und rechne.

5 + 2 = ___

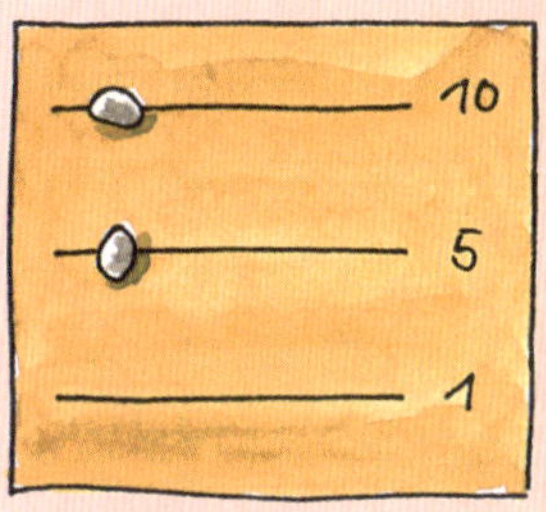

15 + 3 = ___

5 + 6 = ___

8 – 3 = ___

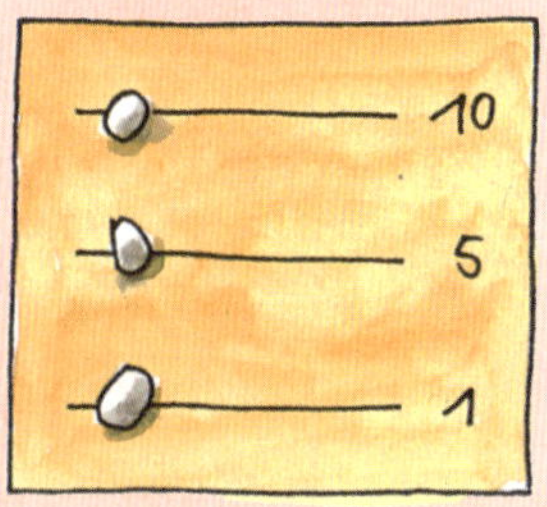

16 – 5 = ___

Info

So funktioniert das Rechenbrett. Liegen 5 Steine auf der Einerlinie, dann schiebe diese weg und lege dafür einen Stein auf die Fünferlinie:

aus

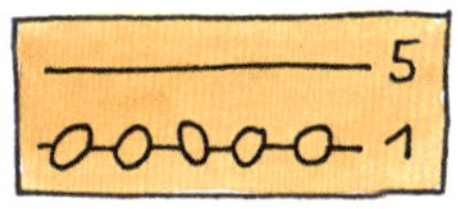

wird

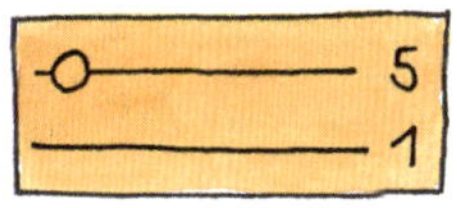

Liegen 2 Steine auf der Fünferlinie, dann schiebe diese weg und lege dafür einen Stein auf die Zehnerlinie:

aus

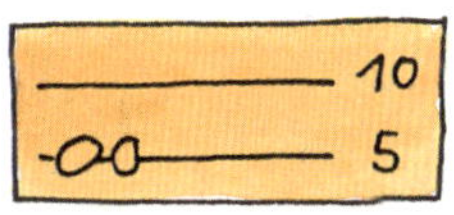

wird

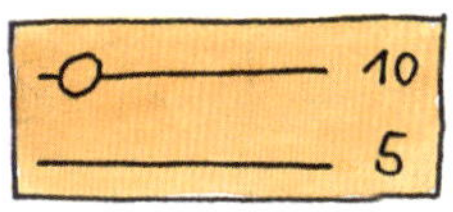

4 Stellt euch Rechenaufgaben mit dem Rechenbrett.

3 Aufgaben sollen mit Plättchen gelegt werden.

Daran muss ich denken

Plusaufgaben

5 und 2 mehr

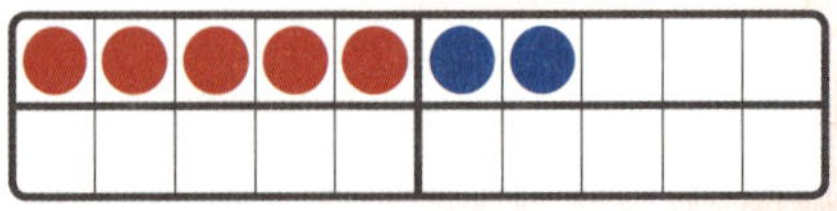

5 und 2 kommen dazu

5 dann noch 2 weitere dazu

5 + 2 = 7

5 plus 2 ist gleich 7

5 und 2 sind zusammen

Minusaufgaben

9, davon 4 weg

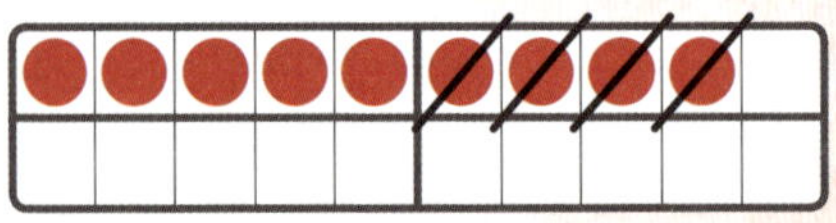

von 9 4 wegnehmen

von 9 sind 4 durchgestrichen

9 – 4 = 5

9 minus 4 ist gleich 5

9 weniger 4

Tauschaufgaben

3 + 6 = 9 6 + 3 = 9

Das Ergebnis bleibt gleich.

Umkehraufgaben

9 – 2 = 7

7 + 2 = 9

Zahlen vergleichen

6	>	3	2	=	2	2	<	5
6	ist größer als	3	2	ist gleich	2	2	ist kleiner als	5

Rechenwege bei Plusaufgaben

Rechenwege bei Minusaufgaben

Das muss ich wissen

Kugel | Zylinder | Quader | Würfel

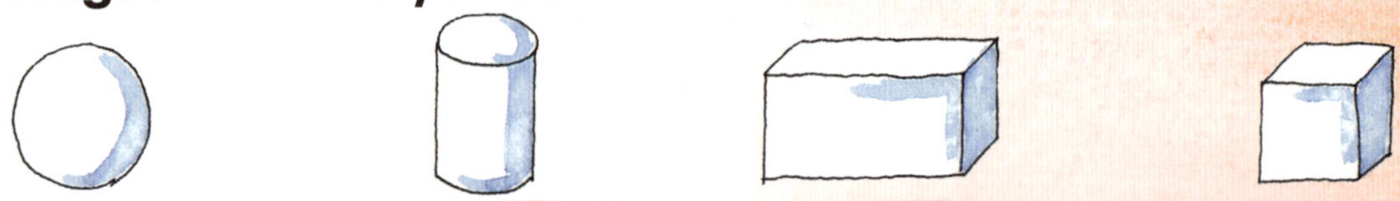

Kreis | Dreieck | Vierecke

Rechteck | Quadrat

Zehner und Einer

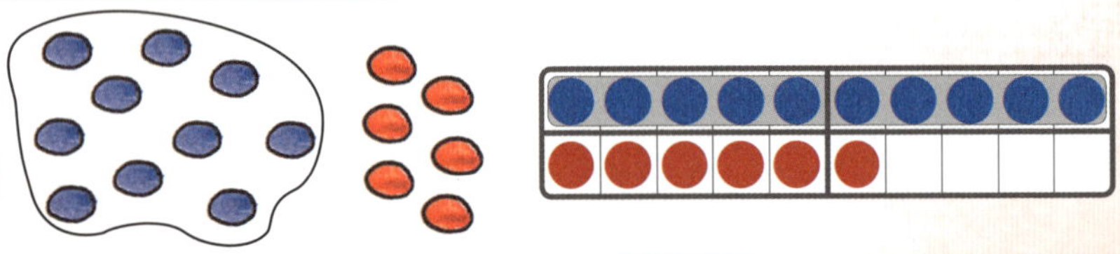

Zehner	Einer
1	6

Immer 10

10 + 0 = 10
8 + 2 = 10
6 + 4 = 10
4 + 6 = 10
2 + 8 = 10
0 + 10 = 10
1 + 9 = 10
3 + 7 = 10
5 + 5 = 10
7 + 3 = 10
9 + 1 = 10

Rechnen mit der 10

10 + 7 = 17
10 + 5 = 15
4 + 10 = 14
9 + 10 = 19
18 – 8 = 10
16 – 6 = 10
15 – 10 = 5
13 – 10 = 3
10 – 0 = 10
20 – 10 = 10

Zehnerzahlen

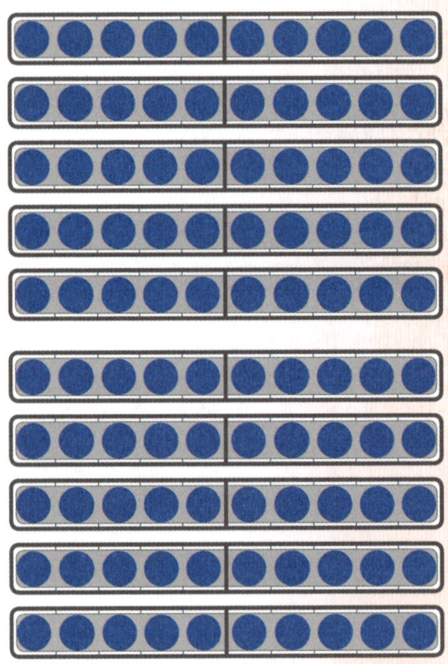

10
20
30
40
50
60
70
80
90
100

Verdopplungsaufgaben

1 + 1 = 2
2 + 2 = 4
3 + 3 = 6
4 + 4 = 8
5 + 5 = 10
6 + 6 = 12
7 + 7 = 14
8 + 8 = 16
9 + 9 = 18
10 + 10 = 20

Rechnen mit Zehnerzahlen

40 + 30 = 70
weil:
4 + 3 = 7
60 – 40 = 20
6 – 4 = 2

100 = 50 + 50
80 = 40 + 40
70 = 100 – 30
30 = 50 – 20